214

Anaesthesiologie und Intensivmedizin
Anaesthesiology
and Intensive Care Medicine

vormals „Anaesthesiologie und Wiederbelebung"
begründet von R. Frey, F. Kern und O. Mayrhofer

Herausgeber:
H. Bergmann, Linz (Schriftleiter)
J. B. Brückner, Berlin · M. Gemperle, Genève
W. F. Henschel, Bremen · O. Mayrhofer, Wien
K. Meßmer, Heidelberg · K. Peter, München

U. J. Pfeiffer

Das intrathorakale Blutvolumen
als hämodynamischer Leitparameter

Mit 29 Abbildungen

Springer-Verlag
Berlin Heidelberg New York London
Paris Tokyo Hong Kong Barcelona

Priv.-Doz. Dr. med. Ulrich J. Pfeiffer
Institut für experimentelle Chirurgie der TU München
Klinikum rechts der Isar, Ismaninger Straße 22
8000 München 80

ISBN-13:978-3-540-52257-7   e-ISBN-13:978-3-642-75481-4
DOI: 10.1007/978-3-642-75481-4

CIP-Titelaufnahme der Deutschen Bibliothek
Pfeiffer, Ulrich Joachim: Das intrathorakale Blutvolumen als hämodynamischer Leit-
parameter / U.J.Pfeiffer. – Berlin; Heidelberg; New York; London; Paris; Tokyo;
Hong Kong; Barcelona: Springer, 1990
(Anaesthesiologie und Intensivmedizin; 214)
ISBN-13:978-3-540-52257-7

NE: GT

2119/3140-543210 – Gedruckt auf säurefreiem Papier

Meinen Freunden –
und ganz besonders meiner Frau Ulrike

Inhaltsverzeichnis

Abkürzungen und Symbole

C.I.	„cardiac index", Herzzeitvolumenindex
C.O., $\dot{Q}_T$	„cardiac output", Herzzeitvolumen (T Thermodilution)
CPPV	„continuous positive pressure ventilation", Beatmung mit kontinuierlich positivem Atemwegsdruck
CVP	„central venous pressure", zentralvenöser Druck
D	„dye", Farbstoff
$D_{a\bar{v}}O_2$	arteriovenöse Sauerstoffgehaltsdifferenz
dp/dt_{max}	maximale Druckanstiegsgeschwindigkeit
ETV	extravasales Thermovolumen
EVLW	extravasales Lungenwasser
$\dot{F}$	Fraktion [z.B. $F(10\%) = 0{,}1$]
HF	Herzfrequenz
I	Indikator
ICG	Indocyaningrün
IPPV	„intermittent positive pressure ventilation", Beatmung mit intermittierend positivem Druck
ITBV	intrathorakales Blutvolumen, Blutvolumen zwischen RA und Aorta descendens
ITP	intrathorakaler Druck
IVV	intravasales Volumen
LA	linker Vorhof
LAP	linksatrialer Druck
LV	linker Ventrikel
m	Menge
MAP	mittlerer arterieller Druck
MdTT	„median transit time", Mediandurchgangszeit
MTT	„mean transit time", mittlere Durchgangszeit
p_aO_2	arterieller Sauerstoffpartialdruck
PAP	pulmonalarterieller Druck
PCWP	„pulmonary capillary wedge pressure", pulmonalkapillärer Verschlußdruck

PEEP   „positive endexpiratory pressure",
            positiver endexspiratorischer Druck
PPBV   präpulmonales Blutvolumen,
            enddiastolisches Blutvolumen von RA und RV
$p_{\bar{v}}O_2$ gemischtvenöser Sauerstoffpartialdruck
$\dot{Q}_T$, C.O.   Fluß, Herzzeitvolumen
RA   rechter Vorhof
RAP   rechtsatrialer Druck
RV   rechter Ventrikel
S_aO_2 arterielle Sauerstoffsättigung
SV   Schlagvolumen
SVI   Schlagvolumenindex
$S_{\bar{v}}O_2$ gemischtvenöse Sauerstoffsättigung
T   Temperatur
t   Zeit
TBV   „total blood volume", gesamtes Blutvolumen
T_b Bluttemperatur
T_d Temperatur des Totraumvolumens
            bei Thermodilution
T_i Temperatur des in den Kreislauf gelangenden
            Injektats
T_i' Temperatur des Injektats
TMP   transmuraler Druck, effektiver Distensionsdruck
TV   Thermovolumen
V_c Volumen des zur Indikatorinjektion benutzten
            Katheters
V_e Volumen einer Verlängerung der Injektionsleitung
V_i Injektatvolumen
V_{is} Volumen des Injektionssets
ZEEP   „zero endexpiratory pressure",
            endexspiratorischer Nulldruck

Einleitung, Zielsetzung

Ein Ziel der intensivmedizinischen Behandlung eines schwerstkranken Patienten ist die Aufrechterhaltung des für die jeweilige pathologische Situation erforderlichen Blutvolumens. Die häufigsten und oft auch schwierigsten Probleme der Flüssigkeitsregulation eines Schwerstkranken ergeben sich sowohl aus der lebensnotwendigen Zufuhr abnorm großer Flüssigkeitsvolumina als auch aus der pathophysiologischen Veränderung intrakorporaler Flüssigkeitskompartimente. Bei solchen Patienten haben vielfach die meisten oder alle Kontrollmechanismen, die normalerweise den Flüssigkeitsbedarf steuern, zu funktionieren aufgehört. Ursachen können in einer Schädigung des zentralen Nervensystems zu suchen sein, wo Durst und spontane Wasseraufnahme gesteuert werden, aber auch im Gastrointestinaltrakt, wo die Absorption von Wasser stattfindet, ferner in den Nieren, welche die Wasserausscheidung kontrollieren, doch auch in Flüssigkeitsverlusten durch Blutungen und Wundsekrete. Schließlich können alle diese Funktionen gleichzeitig betroffen und auch als Folge der intensivmedizinischen Behandlung gestört sein. Dazu kommt eine große Wissenslücke darüber, welches eigentlich das optimale zirkulierende Volumen für bestimmte Krankheitsbilder des intensivmedizinischen Kaleidoskops ist.

Das Maß der angemessenen Flüssigkeitszufuhr für den Intensivpatienten richtet sich nach einer möglichst optimalen physiologischen Aktivität sämtlicher Organsysteme. Ergo kann ein Flüssigkeitsvolumen, das eine optimale Nierenfunktion gewährleistet, unter Umständen eine Beeinträchtigung der Lungenfunktion zur Folge haben. Die Kunst der Intensivmedizin liegt darin, die Priorität eines jeden Organsystems in kürzeren als täglichen Intervallen abzuwägen und – wenn nötig – die Funktion der am lebensbedrohlichsten gestörten Organsysteme, evtl. auf Kosten eines anderen Organsystems, unter den gegebenen Umständen zu optimieren. Die intensivmedizinische Behandlung gleicht damit einer Gratwanderung.

Der Balanceakt der Volumensteuerung eines kritisch kranken Patienten wird durch ein unzureichendes Instrumentarium an Führungsgrößen erschwert. Ziel dieser Arbeit war, die direkte Messung des intrathorakalen Blutvolumens (ITBV) den bisher gebräuchlichen Leitparametern zentralvenöser Druck und pulmonalkapillärer Verschlußdruck wertend gegenüberzustellen.

A. Grundlegende Parameter

1 Methoden zur Beurteilung des Volumenstatus

1.1 Direkte Parameter

Unter direkten Methoden bzw. Parametern sind solche zu verstehen, auf die sich
– nach geltender Lehrmeinung – eine alleinige Veränderung des zirkulierenden
Volumens direkt auswirkt. Sie werden im Verlauf dieser Arbeit auch als Leitparameter oder Führungsgrößen bezeichnet.

Die besonders enge Wechselbeziehung zwischen Blutvolumen einerseits und
den Drücken im Niederdrucksystem andererseits wurde durch die klassischen
Experimente von Henry et al. ([87], s. Abb. 1) eindrucksvoll dargelegt.

Auch Arndt [5] konnte zeigen, daß die Einstellung der Drücke im Tierversuch
in erster Linie volumenpassiv vor sich geht, wenn man das Verhalten der Drücke
in beiden Vorhöfen zusammen mit dem Vorhofumfang als Maß der Herzvolu-
menveränderung verfolgt: Durch einen akuten Blutentzug von 15% des geschätz-
ten Blutvolumens nehmen gemeinsamer (rechter und linker) Vorhofumfang sowie rechter und linker Vorhofdruck ab und erreichen nach 5 min ein konstantes
Niveau. Im Akutversuch am anästhesierten Tier bleiben die Werte solange er-
niedrigt, bis das entzogene Blut wieder retransfundiert wird.

Diese Arbeiten und ähnliche Untersuchungen aus dem angloamerikanischen
Raum bilden eine vernünftige Grundlage dafür, die Vorhofdrücke als Führungs-
parameter für die Volumensubstitution heranzuziehen.

1.1.1 Zentralvenöser Druck

Mit Beginn des modernen Rettungswesens in den 60er Jahren fand auch die
Messung des zentralvenösen Drucks zur Steuerung der Volumensubstitution
Eingang in die Klinik [24]. Nach einer Veröffentlichung von Rice et al. [167] soll
der CVP für zumindest 90% der Gefäßchirurgiepatienten als alleiniger Parameter
zur Steuerung der perioperativen Volumensubstitution ausreichend sein. Die
CVP-Messung ist auch heute einer der Leitparameter zur Steuerung des Volumens bei intensivmedizinischen Patienten [13, 173, 202, 213].

1.1.2 Pulmonalkapillärer Verschlußdruck

Da die Höhe des zentralvenösen Drucks die Füllungsverhältnisse für den rechten Ventrikel charakterisiert, die systemische Hämodynamik jedoch primär
durch die Füllung des linken Ventrikels determiniert wird, war es folgerichtig,

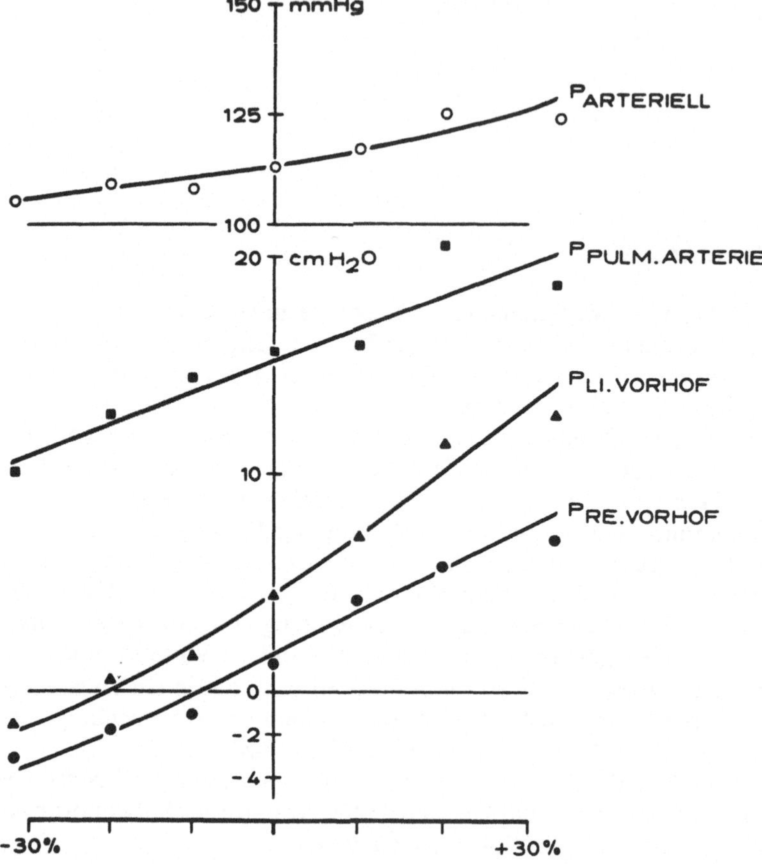

Abb. 1. Drücke in den wichtigsten Kreislaufabschnitten bei Änderung des Blutvolumens um ±30%. Dargestellt sind Mittelwerte aus 12–15 Versuchen am anästhesierten spontanatmenden (!) Hund. Änderungen des Gesamtblutvolumens wirken sich vor und (flußabwärts) nach dem rechten Ventrikel in gleicher Richtung und nahezu in gleicher Höhe aus – eines der Argumente für die einheitliche Betrachtung von Venensystem und Lungenkreislauf unter dem Begriff Kapazitäts- oder Niederdrucksystem. (Aus Henry et al. [87])

eine Methode zu entwickeln, mit welcher der linksventrikuläre Füllungszustand beurteilt werden konnte. Mit der Einführung des Swan-Ganz-Katheters [198] begann eine neue Ära auf dem Gebiet der Überwachung Schwerstkranker. Durch diese einfache wie geniale Erfindung wurde es möglich, das Herzzeitvolumen mittels Kälteverdünnung sowie den pulmonalarteriellen Druck und den pulmonalkapillären Verschlußdruck (PCWP) zu messen. Es konnte gezeigt werden, daß der PCWP bei Patienten, die spontan atmeten oder mit intermittierende positivem Druck beatmet wurden, eng mit dem linken Vorhofdruck korrelierte [11, 22, 38, 53, 91, 105, 207].

1.1.3 Zirkulierendes Blutvolumen

Auch die Messung des gesamten zirkulierenden Blutvolumens (TBV) wurde als direkter Volumenregulationsparameter empfohlen [8]. Da die Messung von TBV bisher meist mittels radioaktiver Methoden durchgeführt wurde und deswegen sehr aufwendig war, konnte diese Methode zu Zwecken der therapeutischen Volumenregulation keine Verbreitung gewinnen. Nur in großen Zentren kommt sie heute zur Anwendung [186–188].

1.2 Indirekte Parameter

Unter indirekten Methoden bzw. Parametern sind solche zu verstehen, auf die sich – nach geltender Lehrmeinung – eine Veränderung allein des zirkulierenden Volumens über mehrere Schritte bzw. Regelvorgänge auswirkt. Diese nachstehend erwähnten Methoden sind somit nicht spezifisch. Ein indirekter Parameter kann nicht einzeln, sondern nur in Verbindung mit einem Füllungsparameter (CVP, PCWP) zur Steuerung des Blutvolumens herangezogen werden. Die in der Intensivmedizin übliche Anwendung dieser indirekten Methoden läßt schon vermuten, daß es an einer geeigneten Volumenregulationsgröße fehlt.

1.2.1 „Volume challenge" und Herzzeitvolumen

Unter „volume challenge" versteht man die Beobachtung der hämodynamischen Effizienz eines Plasmasubstitutionsmittels, das in einem erfahrungsgemäß wirksamen Volumen gegeben wurde, falls CVP oder PCWP nicht wesentlich über der Norm liegen. Vor und nach Gabe des Volumens wird das Herzzeitvolumen gemessen. Die Volumengabe wird fortgesetzt, wenn die Vergrößerung des Blutvolumens zu einer Steigerung des Herzzeitvolumens führte [188].

Eine etwas andere Vorgehensweise wird von Willats [214] vorgeschlagen: Bei Unklarheit über das zirkulierende Blutvolumen sollte der CVP vor und nach rascher Infusion von 200 ml Flüssigkeit gemessen werden. Falls der CVP hierbei über einen Zeitraum von 10 min um mehr als 2 cm H_2O ansteigt, wäre keine weitere Volumenzufuhr notwendig.

Unabhängig davon, ob der CVP oder das Herzzeitvolumen als Kriterium verwendet werden, ist Voraussetzung für die Durchführung eines „Volume-challenge"-Versuchs der Ausschluß einer myokardialen Insuffizienz mit PCWP-Drükken von mehr als 15 mm Hg [214].

1.2.2 Urinzeitvolumen

Aufgrund des Zusammenhangs zwischen Kreislauffüllung und Nierenfunktion [60, 86, 190] – im gesunden Organismus führt eine intrathorakale Hypervolämie zu einer Zunahme der Diurese, eine intrathorakale Hypovolämie zu einer Oligurie – kann das Urinzeitvolumen in Verbindung mit CVP oder PCWP zur Beurteilung des Volumenstatus herangezogen werden. Voraussetzung dafür ist der Ausschluß einer intra- oder postrenalen Erkrankung sowie ein intakter Regelkreis.

1.3 Beurteilung des Volumenstatus in der Intensivmedizin

Heute, mehr als 20 Jahre nach Einführung der Messung des zentralvenösen Drucks in die Klinik, muß dessen Bedeutung als Leitparameter relativiert werden. In einem neueren Standardwerk der Intensivmedizin, dem *Handbuch der Intensivmedizin* [173] läßt sich unter „zentralvenöser Druck" nachlesen:

> Der Normbereich des zentralvenösen Drucks liegt zwischen relativ weiten Grenzen (5–12 cm H$_2$O). Es gibt Situationen, wo der Patient zur Aufrechterhaltung eines wirksamen Herzzeitvolumens einen erhöhten zentralvenösen Druck benötigt (z. B. bei chronischen Lungenerkrankungen).
> Häufigste Quelle der Fehleinschätzung des zentralvenösen Drucks ist der Versuch, nach Implantation des Katheters aufgrund einer einzigen Messung den Hydratationszustand des Patienten zu beurteilen. Es läßt sich stattdessen aber nur die Fähigkeit des rechten Herzens abschätzen, mit dem venösen Rückstrom fertig zu werden. Der zentralvenöse Druck ist die Funktion vierer meßbarer, unabhängiger Größen (nach Jacobson [92]): 1. Volumen und Blutfluß in den zentralen Venen; 2. Dehnbarkeit und Kontraktilität der rechten Herzkammer während der Füllungsphase; 3. Tonus in den zentralen Venen; 4. intrathorakaler Druck.

Diese Darstellung führt vor Augen, daß der CVP als alleiniger Leitparameter zur Regulation des Blutvolumens mit Vorsicht zu handhaben ist. Auf diese Tatsache hat auch Arndt [6] in einem Übersichtsartikel hingewiesen. Trotzdem ist der CVP heute eine der wenigen, direkt meßbaren und akut verfügbaren Standardmeßgrößen bei der therapeutischen Regulation des zirkulierenden Volumens [162, 202].

Obwohl gezeigt wurde. daß der PCWP einen besseren Parameter für die Steuerung der Volumensubstitution darstellt als der CVP [38, 103], befriedigt auch diese Messung nicht alle Wünsche der Intensivmediziner.

Insbesondere scheinen PCWP- und CVP-Werte, die unter Beatmung mit kontinuierlich positivem Atemwegsdruck (CPPV) gewonnen werden, nicht unbedingt repräsentativ für den Volumenstatus des Patienten zu sein [201, 218]. Deshalb hat sich eine ganze Reihe von Publikationen mit Korrekturmöglichkeiten für unter CPPV-Beatmung gewonnene PCWP-Werte beschäftigt [12, 15, 48, 168]. Eine einheitliche Meinung hat sich bis heute nicht herauskristallisiert.

Eine weitere Komplikation ergibt sich daraus, daß die Füllungsdrücke nicht nur vom Volumen, sondern ebenso vom kontraktilen Zustand des Myokards abhängen. Sie scheinen allein – obwohl oft in diesem Sinne angewendet – keine klare Aussage über den Volumensstatus des Schwerstkranken geben zu können. Deshalb gleicht die Volumenregulation unter intensivmedizinischen Bedingungen heute eher einem empirischen Verfahren. Shoemaker listet in einer jüngst erschienenen Arbeit [188] die folgenden Parameter als volumenbezogen auf: mittlerer arterieller Druck (MAP), zentralvenöser Druck (CVP), pulmonalkapillärer Verschlußdruck (PCWP), zentrales Blutvolumen (CBV), Schlagvolumenindex (SVI), mittlerer Pulmonaldruck (PAP), Blutvolumen (BV) und Hämoglobin (Hb). Als therapeutisches Ziel werden Optimalwerte für jeden Parameter angegeben. Diese eher verwirrende Darstellung eines der Meinungsbilder der modernen Intensivmedizin verdeutlicht, daß es an einem Parameter fehlt, der schnell, zuverlässig und spezifisch Aufschluß über den Volumenstatus des intensivmedizinisch behandelten Patienten gibt.

2 Volumenregulation

Im Gegensatz zum Gesunden sind die meisten intensivmedizinisch betreuten Patienten nicht in der Lage, ihr zirkulierendes Volumen auf der jeweils optimalen Höhe zu halten. Deswegen beinhaltet die intensivmedizinische Behandlung auch die Regulation des zirkulierenden Volumens. Um von außen regelnd eingreifen zu können, müssen dieselben Funktionen überwacht werden, die der Körper physiologischerweise zur Volumenregulation benützt.

Gauer [60] und Gauer et al. [65] verstehen unter Volumenregulation die Anpassung des Volumens an die sich ändernde Kapazität des Kreislaufs. Ziel der Volumenregulation ist die Aufrechterhaltung des adäquaten Herzzeitvolumens und damit Sauerstoff- und Substratversorgung sowie Metabolitenentsorgung der Peripherie. So ermöglicht uns erst die funktionierende Volumenregulation die Aufrechterhaltung des Herzzeitvolumens beim Aufstehen, bei starker Hitze, beim Schwimmen etc. Aus der Abstimmung von Blutvolumen und Gefäßkapazität resultiert der Druck im Niederdrucksystem und damit der Füllungsdruck des Herzens. Die Volumenregulation bildet somit über das Frank-Starling-Gesetz die Voraussetzung für die augenblickliche Anpassungsfähigkeit des Herzzeitvolumens an die wechelnden Erfordernisse von Energieumsatz und Thermoregulation. Die Regulation des Blutvolumens beinhaltet die Regulation der Menge an Erythrozyten, des Plasmawassers und des Plasmaproteingehalts. Klare Vorstellungen liegen nur bezüglich der Regulation des Plasmavolumens bzw. des extrazellulären Volumens vor.

Für die unmittelbare physiologische Regulation des Plasmavolumens sind 2 Wege bekannt:

1) Das Plasmavolumen als Bestandteil des extrazellulären Volumens kann über die Flüssigkeitsaufnahme im Darm und über die Flüssigkeitsabgabe in erster Linie der Nieren, aber auch von Haut, Lunge und Darm geregelt werden.
2) Da periphere Blutgefäße und insbesondere Kapillaren eben nicht Röhren, sondern porösen Schläuchen ähneln, kann Plasmawasser und Plasmaeiweiß in Abhängigkeit der Größe der Determinanten in der Starling-Gleichung zwischen Interstitium und Mikrogefäßen verschoben werden.

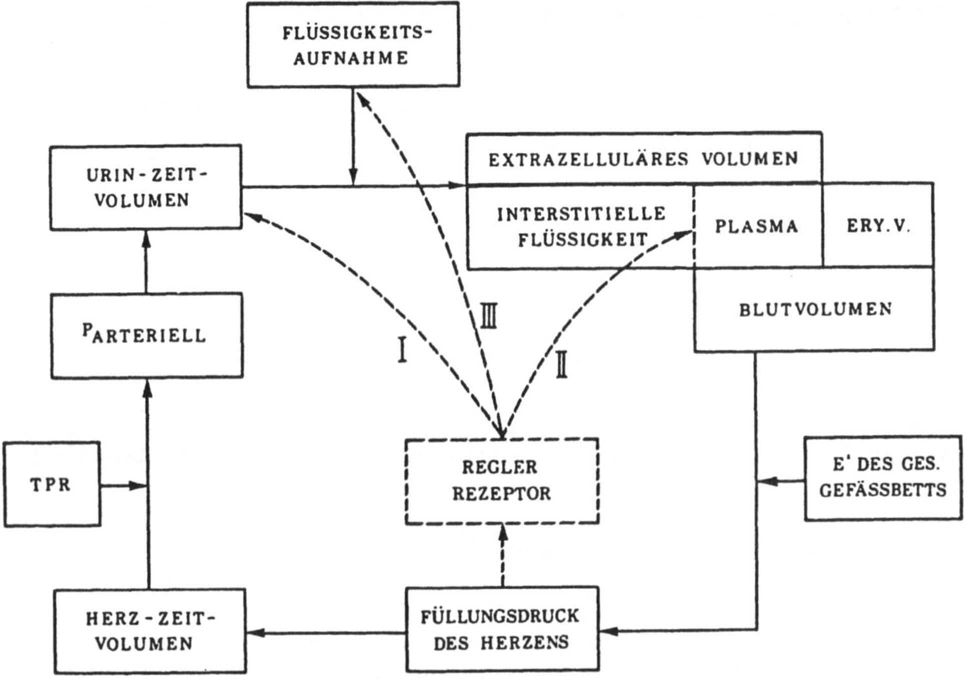

Abb. 2. Schema der Regulation des Blutvolumens nach Guyton u. Coleman [76]

2.1 Volumensensorik

Ein von Guyton u. Coleman [76] erstelltes, stark vereinfachtes Schema der Regulation des Blutvolumens zeigt Abb. 2.

Demnach führt ein Anstieg des Blutvolumens – meist durch eine Zunahme des Plasmavolumens verursacht – zu einer Zunahme der kardialen Füllungsdrücke. Bei konstanter diastolischer Druck-Volumen-Beziehung des Herzens führt dies via Frank-Starling-Mechanismus zu einer Zunahme des Herzzeitvolumens. Wenn auch der periphere Widerstand gleich bleibt, steigt der arterielle Druck und bewirkt über eine gesteigerte Nierenperfusion eine vermehrte Urinausscheidung. Vorausgesetzt die Flüssigkeitsaufnahme bleibt konstant, normalisiert sich letztlich das erhöhte Plasma- und ggf. auch Extrazellulärvolumen.

Nach Meinung von Gauer et al. [65] wäre für diesen Mechanismus die Verschiebung größerer Volumina erforderlich. Der Hauptanteil der Volumenregulation würde vielmehr durch intrathorakale Dehnungsrezeptoren vermittelt. Danach registrieren in den Vorhöfen, im Myokard und in den großen Pulmonalgefäßen befindliche „Mechanorezeptoren" den Kreislauffüllungszustand und beeinflussen unter Umgehung von Herzzeitvolumen- und Blutdruckänderungen die Effektoren direkt. Als Effektoren werden die Nierenfunktion, der Durstmechanismus und die Volumenbalance von Plasma und Interstitialflüssigkeit genannt.

2.2 Hormonale Volumenregulation

Nach heutigem Wissensstand sind an der Steuerung von Durst und Nierenfunktion sowie Filtrationsdruck eine Reihe neuroendokriner Faktoren beteiligt, die im folgenden kurz angesprochen werden sollen.

2.2.1 Antidiuretisches Hormon

Bei Dehnung v. a. des linken Vorhofs kommt es zu einer verminderten Sekretion des antidiuretischen Hormons (ADH, Vasopressin). Bereits eine Zunahme des effektiven Distensionsdrucks im Vorhof von 2–3 cm H_2O bewirkt eine signifikante Senkung des ADH-Spiegels [96]. Beim Übergang vom Liegen zum Stehen versackt Blut in den abhängigen Körperpartien, als Folge nimmt das Blutvolumen im Throax ab und die ADH-Konzentration steigt bis auf das 8fache [132].

2.2.2 Sympathikustonus – Noradrenalin

Wieder am einfachen Beispiel der Lageveränderung des Körpers kann die Rolle des adrenergen Systems demonstriert werden. Um der Volumenverschiebung beim Aufstehen entgegenzuwirken, werden die präkapillaren Widerstände erhöht, was bei gleichzeitigem Absinken des Herzzeitvolumens den arteriellen Mitteldruck zumindest nicht abfallen läßt. Das sympathische Nervensystem hat auf den Ruhetonus der venösen Kapazitätsgefäße so gut wie keinen direkten Einfluß [18]. Aktivierung von β-Rezeptoren durch in erster Linie zirkulierendes Noradrenalin bewirkt jedoch eine erhebliche Volumenabnahme des kapazitiven Systems [171].

2.2.3 Renin – Angiotensin – Aldosteron

Expansion des intrathorakalen Blutvolumens infolge von Unterdruckatmung oder Immersion in Wasser bewirkt eine Abnahme der Renin- und der Aldosteronsektretion [46, 220]. Demgegenüber konnte eine Zunahme der Renin- und Aldosteronsekretion bei Abnahme des intrathorakalen Blutvolumens durch Überdruckbeatmung festgestellt werden [2].

2.2.4 Atriales natriuretisches Peptid

Bereits 1956 beschrieben Henry et al. [86] einen natriuretischen Mechanismus („third factor"; Gauer et al. [65]), der direkt durch eine Substanz bewirkt sein mußte, doch mit den damals bekannten humoralen/hormonellen Regulationsvorgängen nicht erklärt werden konnte. Die jahrelange Jagd nach diesem Hormon war erst 1980 von Erfolg gekrönt. De Bold et al. [36] gelang der Nachweis eines Polypeptids aus Vorhofgewebe, das bei Dehnung der Vorhöfe freigesetzt

wurde und die tubuläre Rückresorption von Natrium verhinderte. Inzwischen
wurde das vom endokrinen Organ Herz [208] sezernierte atriale natriuretische
Peptid (ANP) als multipotentes Hormon identifiziert, das die hypotensionsbe-
dingte Reninsekretion reduziert [177] und angiotensinkonstringierte Gefäße relaxiert, das die angiotensininduzierte Aldosertonsynthese hemmt [117], vagal vermittelte Sympathikusaktivität reduziert [200] und der aldosteroninduzierten Na-
triumretention [106] entgegenwirkt.

2.3 Zusammenspiel der Hormonsysteme

Die vorgenannten Mechanismen greifen in komplexer Weise im Sinne einer optimalen Volumenregulation ineinander, die jedoch eine langsame Kinetik im Bereich von Minuten bis Stunden aufweist. Nahezu alle neurohumoralen Effektor-
mechanismen, die Einfluß auf den Wasser- und Salzhaushalt haben, scheinen
beteiligt zu sein [106, 223]. Trotz vieler offener Fragen auf diesem Gebiet ist die
Vorstellung einer über intrathorakale Dehnungsrezeptoren vermittelte Regulation des Blutvolumens experimentell so gut abgesichert, daß sie als integraler
Bestandteil der Physiologie des Niederdrucksystems gesehen werden muß [99].

3 Intrathorakales Blutvolumen

Einige einfache, nachfolgend erläuterte Überlegungen haben dazu geführt, das intrathorakale Blutvolumen hinsichtlich seiner Eignung als Leitparameter für die Volumenregulation zu überprüfen.

Unter dem intrathorakalen Blutvolumen (ITBV) versteht man das sich im Thorax befindliche, an der Zirkulation teilhabende Blutvolumen. ITBV beinhaltet eine Großteil der Volumina, die sich auf die Höhe von CVP und PCWP auswirken. Außerdem sind alle physiologischen Volumenrezeptoren des Organismus mit dem intrathorakalen Gefäßsystem vergesellschaftet. Deshalb war es naheliegend, das ITBV, das beide Füllungsdrücke integriert und dem funktionierenden Organismus als Volumenstatusindikator dient, auch hinsichtlich der Eignung als externer Volumenstatusindikator zu untersuchen.

3.1 Anatomisch-physiologische Volumenverhältnisse

Abbildung 3 zeigt die Volumenverteilung im Körper. Der Inhalt des arteriellen Gefäßsystems kann auf etwa 15% des Normalblutvolumens veranschlagt werden, wogegen 85% des Blutvolumens im Niederdrucksystem lokalisiert sind.

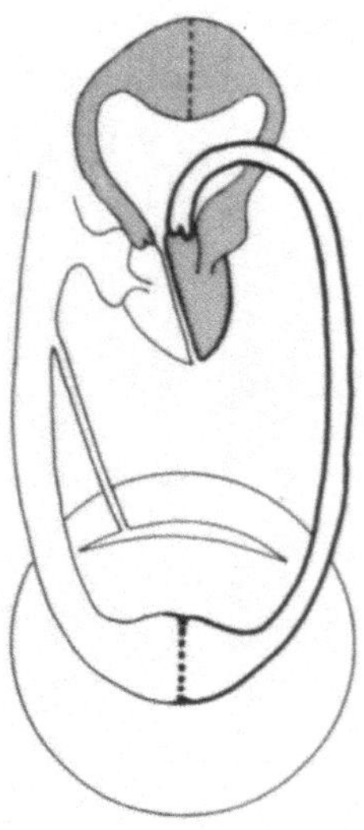

Abb. 3. Volumenverteilung im Körper. Das arterielle Volumen ist fett umrahmt. Schraffiert dargestellt ist das anatomisch definierte zentrale Blutvolumen (etwa 20% des gesamten Volumens). Es wird begrenzt durch die Pulmonal- und die Aortenklappe. Per definitionem enthält es das enddiastolische Volumen des linken Vorhofs und Ventrikels. Aus funktionellen Gründen sind auch das lymphatische und interstitielle Volumen eingezeichnet, die als Pufferreservoir für das Blutkreislaufsystem dienen. Vor allem bei raschem Blutverlust können daraus innerhalb einiger Minuten erhebliche Volumina der extrazellulären Flüssigkeit in den Kreislauf verschoben werden, was einen Abfall des Hämatokrit zur Folge hat

Betrachtet man die anatomischen und die mikroanatomischen Relationen, befinden sich im Liegen beim Erwachsenen etwa ⅓ des gesamten BV (1400–1800 ml) bzw. ⅖ des dem Niederdrucksystem zuzuordnenden Volumens im intrathorakalen Gefäßsystem [60]. Das physiologisch definierte ITBV beinhaltet also das Blutvolumen der großen intrathorakalen Venen und Arterien, beider Vorhöfe, der Herzkammern und der Lunge. Vom ITBV abgegrenzt werden muß das anatomisch definierte zentrale Blutvolumen CBV, welches das Volumen zwischen Pulmonalklappe und Aortenklappe darstellt.

Das Sammelsystem, welches das Blut aus der Peripherie dem Herzen zuleitet, beginnt in den Venolen und kleinen Venen. Läßt man Rückschlüsse aus den Volumenrelationen der Blutgefäße im Flügel einer nichtnarkotisierten Fledermaus zu, so befinden sich 4,3% in postkapillären Venolen, 33,7% in Venolen, 25% in kleinen Venen (bis 3 mm Durchmesser) und 21,4% in großen Venen (und Herzkammern), der Rest von etwa 15% im arteriellen System [212]. Von erheblicher funktioneller Bedeutung ist, daß unter bestimmten Bedingungen Blut aus den peripheren in die zentralen (herznahen) Gefäßabschnitte verlagert werden kann und umgekehrt.

3.2 Messung des intrathorakalen Blutvolumens

Zur Bestimmung des ITBV stehen prinzipiell mehrere Methoden zur Verfügung:

1) Röntgendensitometrie,
2) Spirometrie,
3) Plethysmographie,
4) Szintigraphie,
5) Indikatorverdünnung.

Da die Methoden 1–4 meßmethodisch aufwendig sind und in der Regel ohnehin nicht am Krankenbett auf Station durchgeführt werden können, wird im folgenden lediglich auf die für diese Thematik wichtige Indikatorverdünnung eingegangen.

3.2.1 Indikatorverdünnung zur Bestimmung von Fluß und Volumen

Ein unbekanntes Volumen kann durch Einbringen einer bekannten Menge eines Indikators in das zu messende Volumen bestimmt werden aus:

$$V = m_i / c_i \tag{1}$$

wobei V zu bestimmendes Volumen
$\quad\quad m_i$ Menge des Indikators
$\quad\quad c_i$ Indikatorkonzentration nach Durchmischung in V

Folgende Voraussetzungen müssen gelten:

1) Die Menge des Indikators i muß viel kleiner als das zu messende Volumen V sein, falls i in Form eines Volumens eingebracht wird.
2) Das Volumen V darf sich während der Bestimmung nicht verändern.
3) Die Menge m des Indikators i darf sich während der Bestimmung nicht verändern oder die Art der Veränderung – z.B. der Abbau eines Indikators – muß während der Bestimmung konstant sein.
4) Für Anwendung im Körper: Der Indikator i darf nicht toxisch sein und sollte schnell, jedoch nicht während der Messung eliminiert werden.

Nach diesem seit Jahrhunderten bekannten Prinzip lassen sich unbekannte Volumina in allen Arten von Hohlkörpern bestimmen. Praktische Anwendung findet es bei der Ausmessung von Gefäßen, die sich durch ihre komplexe innere Form nicht mathematisch definieren lassen. In der Medizin findet es z.B. Anwendung bei der Bestimmung des zirkulierenden Blutvolumens (Injektion einer Menge m eines Indikators i in die Blutbahn, Abwarten einer empirischen Durchmischungszeit, Entnahme einer Blutprobe und Messung der Konzentration c_i in dieser Probe). Auch nicht rezirkulierende Strömungen lassen sich durch dieses Prinzip berechnen:

$$Q = \frac{m_i/t}{c_i} \tag{2}$$

wobei   Q   Volumen/Zeit = Fluß
         m_i/t Menge des Indikators/Zeit

Indikator i wird einer Strömung mit der Indikatorzufuhrgeschwindigkeit m_i/t kontinuierlich zugegeben und nach Durchmischung stromabwärts gemessen. Es gelten die Voraussetzungen für Gl. 1 unverändert, d.h. der zu messende Volumenfluß darf sich auf der Meßstrecke nicht verändern, es dürfen keine Zu- oder Abflüsse vorhanden sein.

Adolph Fick [52] benutzte Gl. 2 um den Blutfluß im Körper zu messen. Seine genialen Überlegungen erscheinen – im Nachhinein betrachtet – trivial:

Gl. 2 kann auch auf rezirkulierende Flüsse angewandt werden, wenn Sorge getragen wird, daß der Indikator irgendwo im Kreislauf, jedoch nicht auf der Meßstrecke entfernt wird. Im Körper bietet sich Sauerstoff als idealer Indikator an: In das die Lunge durchströmende Blut wird Sauerstoff aufgenommen, der mit der Aufnahme gleichen Geschwindigkeit in der Körperperipherie verbraucht wird: ergo ist es möglich, bei Kenntnis der Indikatorkonzentration vor der Lunge (= gemischtvenöser Sauerstoffgehalt; entspricht dem nichtentfernten, gleichbleibenden Indikatorbasalspiegel), der Indikatorkonzentration nach der Lunge quasi stromabwärts (arterieller Sauerstoffgehalt = Summe von Basalgehalt und durch aktuelle Aufnahme bedingtem Gehalt) und bei Kenntnis der Sauerstoffaufnahme, das durch den kleinen Kreislauf pro Zeiteinheit strömende Blut – das Herzzeitvolumen – zu messen.

$$Q = C.O. = \frac{VO_2}{C_aO_2 - C_{\bar{v}}O_2} \tag{3}$$

wobei VO_2 Sauerstoffaufnahme/Zeit
       C_aO_2 arterieller Sauerstoffgehalt
       $C_{\bar{v}}O_2$ gemischtvenöser Sauerstoffgehalt

Aus der Fickschen Methode der Flußbestimmung kann jedoch nicht auf ein Volumen rückgeschlossen werden. Hierzu eignet sich die Bolusapplikation eines Indikators. Stewart [196, 197] und Hamilton et al. [78] schufen mit der nach ihnen benannten Formel die Grundlage der heute anerkannten Fluß- und Volumenbestimmung mit der Bolusinjektion eines Indikators.

Die Formel ist wieder aus Gl. 2 abgeleitet:

$$Q = \frac{m_i}{\int\limits_0^\infty c_i \, dt} \tag{4}$$

wobei der Nenner das Integral über den Konzentrationsverlauf nach der Zeit repräsentiert.

Diese Formel wird im allgemeinen in den heute kommerziell verfügbaren Geräten und Systemen für die Messung des Herzzeitvolumens verwendet. Die Richtigkeit dieser Formel ist durch unzählige Arbeiten bestätigt worden.

Aus der Zeit-Konzentrations-Kurve eines Indikators kann auch die mittlere Durchgangszeit MTT_i des an der Meßstelle flußbwärts vorbeifließenden Indikators berechnet werden [127, 221, 222]:

$$MTT_i = \frac{\int\limits_0^\infty c_i \cdot t \, dt}{\int\limits_0^\infty c_i \, dt} = t_{ai} + \frac{\int\limits_0^\infty c_i \cdot (t - AT_i) \, dt}{\int\limits_0^\infty c_i \, dt} \tag{5}$$

wobei t_{ai} Erscheinungszeit von i nach der Injektion

Die Zeitmessung beginnt $(t = 0)$ nach der Hälfte der mit gleichmäßiger Geschwindkeit ausgeführten Indikatorinjektion.
    MTT ist die mittlere Zeit, die sich aus der Summe aller Transitzeiten der in m_i enthaltenen einzelnen Indikatormoleküle, -partikel oder -quanten vom Ort der Injektion bis zum Ort der Erfassung ergibt. Sie darf nicht verwechselt werden mit der Mediantransitzeit MdTT – der Zeit, bis die erste Hälfte aller injizierten Indikatorquanten die Meßstelle passiert hat. Abbildung 4 zeigt eine typische Indikatorverdünnungskurve.
    MTT entspricht der Schwerpunktabszisse der Fläche unter einer Indikatorverdünnungskurve [69]: Schneidet man eine auf Papier registrierte Dilutionskurve

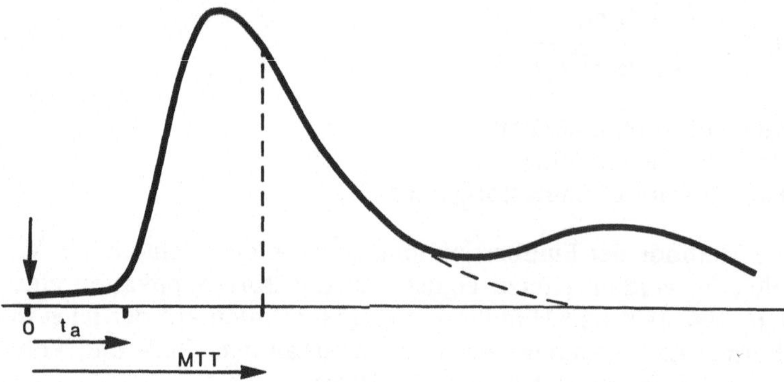

Abb. 4. Typischer Verlauf einer arteriell registrierten Indikatorverdünnungskurve nach zentral-venöser Bolusinjektion. Deutlich sichtbar ist die Rezirkulationswelle

aus und sucht die Schwerpunktgerade auf der Abszisse, indem man das Papier senkrecht zur Abszisse auf eine Messerschneide legt, so erhält man MTT. Namhaften Gruppen ist schon der Fehler der Verwechslung von MTT und MdTT unterlaufen [139, 140], weswegen der Unterschied anhand eines kleinen Beispiels demonstriert werden soll:

Die Menge m_i von 8 Läufern startet zu einem Lauf durch unwegsames Gelände. Das Ziel ist 400 m Luftlinie entfernt. Alle Läufer starten gleichzeitig mit der ihnen jeweils möglichen Geschwindigkeit. Es gibt keinen vorgeschriebenen Weg. Die Zeiten t und durchschnittliche Laufgeschwindigkeiten v der Läufer sind:

	A	B	C	D	E	F	G	H	
t	44	56	48	53	39	45	45	46	[s]
v:	10,6	10,1	9,8	10,2	10,7	10,2	9,9	10,0	[m/s]

Gefragt ist die Wegstrecke, die insgesamt zurückgelegt wurde.
Die mittlere Durchgangszeit MTT errechnet sich aus:

$$MTT = (44 + 56 + 48 + 53 + 39 + 45 + 47 + 46)/8 = 47{,}25 \text{ [s]}$$

Die Mediandurchgangszeit MdTT ist die Zeit, nach der die Hälfte aller Läufer das Ziel erreicht hat, also die Zeit von Läufer H mit 46 s.

Die insgesamt von allen Läufern zurückgelegte Wegstrecke läßt sich nach 2 Arten berechnen:

1) Aus den bekannten Einzelzeiten und Einzelgeschwindigkeiten lassen sich die individuellen Wege s aus $v \cdot t$ berechnen und aufsummieren:

	A	B	C	D	E	F	G	H	
t:	44	56	48	53	39	45	47	46	[s]
v:	10,5	10,1	9,8	10,2	10,7	10,2	9,9	10,0	[m/s]
s:	462,0	565,6	470,4	540,6	417,3	459,0	465,3	460,0	[m]

Summe (sA..sH) = 3840,2 m

2) Aus den Einzelgeschwindigkeiten v wird die mittlere Geschwindigkeit ′v der Läufer berechnet. Die insgesamt zurückgelegte Wegstrecke d (sA..sH) ergibt sich dann aus:

$$′v \cdot MTT \cdot n = 10{,}175 \cdot 47{,}25 \cdot 8 = 3846{,}15 \text{ m}$$

Methode 2 überschätzt das Absolutergebnis der Methode 1 um 5,95 m oder 0,155%. Dieser Fehler kommt durch die Mittelung zustande und wird um so kleiner, je größer n ist.
Eine Verwendung von MdTT in Methode 2 würde zum einen einen wesentlich größeren Fehler (2,5% in diesem Beispiel) verursachen, zum anderen wurde dargelegt, daß MdTT die Zeiten der später ins Ziel kommenden Hälfte der Läufer gar nicht berücksichtigt.

Bei Erfüllung der bisher genannten Voraussetzungen läßt sich das von einem injizierten Indikator durchlaufene Volumen V ähnlich errechnen, wie die in dem Beispiel von den Läufern zurückgelegte Gesamtwegstrecke [127, 221, 222]:

$$V = Q \cdot MTT \tag{6}$$

3.2.2 Geeignete Indikatoren für den Intravasalraum

Schon im vorigen Jahrhundert wurden Verfahren angewandt, die auf Einbringen von Indikatorsubstanzen in die Blutbahn beruhten. Ziel dieser ersten Arbeiten war die Bestimmung von Kreislaufzeiten, Gesamt- und Teilblutvolumina. Es wurden Natriumsalze (hypertones NaCl [196], Na-Jodid, Na-Sulfocyanid [17]), aber auch eine Vielzahl anderer Farbstoffe [197] verwendet.

Ein intravasaler Indikator darf zumindest während der Meßzeit das zu messende System nicht oder nur langsam mit bekannter Kinetik verlassen. Salze sind daher für den hier angestrebten Zweck (die Messung von Blutvolumina) nicht geeignet, da sie das Gefäßbett relativ rasch verlassen. Farbstoffe wie „Evans-Blau" oder Indocyaningrün (ICG), die sich sofort mit Plasmaproteinen verbinden, kommen als intravasale Indikatoren in Betracht. Fluorescein sollte für diese Anwendung nicht erwogen werden, da es sehr langsam im Körper abgebaut wird [45]. Natürlich ist auch denkbar, Plasmaproteine (z. B. Albumin) anderweitig, etwa radioaktiv zu markieren. Dies erfordert jedoch einen höheren technischen Aufwand, und außerdem kann man Messungen mittels radioaktiven Tracern bettseitig schlecht durchführen.

Nahezu ideal für photometrische Messung im Vollblut ist der Farbstoff ICG. Er wurde von Fox et al. [57] und Kramer u. Ziegenrücker [102] zur Messung des Herzzeitvolumens eingeführt. Der entscheidende Vorteil dieses Farbstoffs ist, daß sein Absorptionsmaximum nach Einbringen in die Blutbahn bei 800 nm liegt, somit an einem sog., isobestischen Punkt des Blutes, wo die substanzspezifische Lichtabsorption unabhängig von der jeweiligen Sauerstoffsättigung des Hämoglobins ist [57, 102, 104].

Interessant in diesem Zusammenhang ist, daß es sich bei ICG um eine deutsche Entwicklung für die Infrarotphotographie im 2. Weltkrieg handelte [102]. Der bei den IG-Farben unter der Bezeichnung Rie 1743 seit 1942 hergestellte Tricarbocyaninfarbstoff ist identisch mit dem von Fox et al. [57] als neu synthetisiert angegebenen Farbstoff Indocyaningrün (CardiogreenR). Wie aus der 1957 von Kramer u. Ziegenrücker [102] veröffentlichten Arbeit hervorgeht, haben diese schon einige Jahre mit ICG aus deutscher Produktion gearbeitet, so daß heute nicht mit absoluter Sicherheit festgestellt werden kann, wer Initiator der ICG-Einführung in die Medizin war. Falsch ist auf jeden Fall die Mitteilung von Fox u. Wood [56], daß es sich bei ICG um eine Entwicklung der amerikanischen Kodak-Werke handelt.

Nach diesem Ausflug in die Historie der Farbstoffdilution wieder zurück zu den Eigenschaften von ICG: ICG ist nahezu untoxisch. Bei der Maus liegt die LD50 von ICG bei 650 mg/kg nach i.p.-Injektion und bei mehr als 105 mg/kg nach i.v.-Gabe [174]. Die höchsten Dosen, die am Menschen bisher angewendet wurden, lagen bei 10 mg/kg [147]. ICG wird selektiv von der Leber in die Galle eliminiert; mehr als 99% des injizierten ICG konnten in der Galle nachgewiesen werden [147]. ICG eignet sich deshalb nicht nur im Rahmen von Kreislaufuntersuchungen als intravasaler Indikator, sondern auch als Leberfunktionstest [72, 98, 108, 109, 135, 147]. Wird ICG lediglich für Untersuchung der Blutzirkulation verwendet, kommt eine Dosis von 0,1–1,0 mg/kg zur Anwendung, wogegen für Leberfunktionsstudien bis zu 5,0 mg/kg appliziert werden müssen. Aufgrund der exakten Meßbarkeit im Vollblut, der vernachlässigbaren Toxizität und des bekannten, relativ raschen Eliminationsweges eignet sich ICG am besten als intravasaler Plasmaproteinmarker im Rahmen einer beidseitig durchführbaren Indikatorverdünnungsmessung.

3.2.3 Thermo-dye-Technik

In jüngerer Zeit hat eine Doppelindikatorverdünnungsmethode Einzug in die klinische Medizin gefunden, die eigentlich zur bettseitigen Messung des extravasalen Lungenwassers entwickelt wurde. Dabei kommen Kälte und Indocyaningrün als Indikatoren zur Anwendung. Der thermische Indikator „Kälte" durchläuft den gesamten intrathorakalen intravasalen Raum und den extravasalen Raum in der Lunge, wogegen ICG zur selektiven Marikierung des intravasalen Raums dient [112, 113, 154]. Im Gegensatz zur früher verbreiteten Meinung kommt es bei Herz-Lungen-Passage der Kältewelle jedoch nicht zu einem Verlust des Indikators Kälte [4, 149].

Nach Gl. 6 läßt sich das von einem Indikator durchlaufene Volumen aus dem Produkt aus Fluß und mittlerer Durchgangszeit berechnen. Demnach errechnet sich das der Kälte zugängliche Volumen aus:

$$TV_{MTT} = Q_T \cdot MTT_T \tag{7}$$

und

$$IVV_{MTT} = Q_D \cdot MTT_D \tag{8}$$

wobei Q_T der mittels Kälteverdünnung gemessene Fluß, MTT_T die mittlere Durchgangszeit des thermalen Indikators, Q_D und MTT_D die entsprechenden Werte aus der Farbstoffkurve sind

Bei zentralvenöser Indikatorinjektion (RA-Injektion) und Messung in der Aorta entspricht IVV_{MTT} dem intrathorakalen Blutvolumen ITBV, die Differenz aus TV_{MTT} und IVV_{MTT} ergibt das extravasale Thermovolumen ETV der Lunge.

3.3 Zentrale Fragestellung und Vorgehensweise

Ist ITBV als Parameter zur Regulation des zirkulierenden Blutvolumens besser geeignet als CVP oder PCWP?

Zur Klärung des Sachverhalts wurden Einzelaspekte untersucht. Tierversuche wurden nur dann durchgeführt, wenn dies zur Klärung eines bestimmten Aspekts notwendig erschien. Die meisten Untersuchungen, aus denen Ergebnisse extrahiert wurden, waren nicht spezifisch zur Klärung der oben aufgeworfenen Fragestellung durchgeführt worden.

Die Vorgehensweise unterteilte sich in folgende Schritte:

(a) Untersuchung der Genauigkeit und Reproduzierbarkeit der Leitparameter CVP, PCWP und ITBV;
(b) Definition des Normbereichs für CVP, PCWP und ITBV;
(c) Untersuchung der Sensitivität der Leitparameter bei Hypovolämie:
   - unter akuter Hypovolämie,
   - bei protrahierter Hypovolämie;
(d) Untersuchung der Sensitivität der Leitparameter bei Zunahme des intrathorakalen Drucks:
   - Vergleich von Spontanatmung mit IPPV-Beatmung,
   - Auswirkungen von PEEP-Beatmung.

Alle Tierversuche waren von der zuständigen Aufsichtsbehörde genehmigt worden. Selbstredend wurden tierschützerische und ethische Belange eingehend diskutiert und beachtet.

B. Methodik

4 Meßmethodik für die Leitparameter

4.1 Durchführung der Druckmessung

4.1.1 Messung von CVP und PCWP

Sämtliche Drücke wurden mittels elektronischer Verfahren registriert. Die Druckmeßeinheit bestand pro Kanal aus einem elektronischen Druckaufnehmer P 23 ID und einem mikroprozessor gesteuerten Blutdruckverstärker SP 1405 (beides Fa. Gould Medical, Oxnard, Kalifornien). Die Druckkurven wurden gleichzeitig auf einem 8-Kanal-Speicherscope (Fa. Knott, München) dargestellt. Die Eichung der Druckregistereinheiten erfolgte mindestens 1mal wöchentlich mit einem Gauer-Quecksilbermanometer. Sämtliche Drücke wurden als Mitteldruck in Endexspiration abgelesen.

Zur Messung des CVP wurde ein handelsüblicher 5 F-Cavakatheter unter Bildwandlerkontrolle via V. jugularis interna rechts zentralvenös plaziert.

Über einen mit gleicher Technik via V. jugularis externa rechts geschobenen Pulmonaliseinschwemmkatheter SP 5107 (Gould Medical, Oxnard, Kalifornia) wurden der pulmonalarterielle Mitteldruck PAP und der pulmonalkapilläre Verschlußdruck bestimme. Vor Ablesen eines Meßwerts wurden die Katheter mittels weniger ml heparinisierter Ringer-Laktatlösung (1000 IU Heparin/l) gespült.

4.2 Messung des intrathorakalen Blutvolumens

ITBV wurde mit dem von uns entwickelten COLD-System erfaßt, das Kreislaufmonitoring, Sauerstoffsättigungs- und Lungenwassermessung in vivo ermöglicht. COLD steht dabei als Abkürzung für:

C Circulation
O O_2-Sättigung
L Lungenwasser
D Diagnosesystem

In diesem Zusammenhang wurde von uns der Begriff *integriertes Monitoring* geprägt, da mittels eines einzigen Systems eine Vielzahl von Parametern und Funktionen gemessen werden kann.

4.2.1 Meßgeräte für die Thermo-dye-Technik – COLD-System

Das COLD-System (Abb. 5, COLD Z-02/03, Pulsion Medizintechnik, München) wird von einem Mikrocomputer mit 256 KB RAM und 2 Floppy-disk-Laufwerken mit je 720 KByte Speicherkapazität gesteuert. Er erhält einen 12-bit-16-Kanal-Analog/Digital-Wandler. An den Computer angeschlosen sind ein Monitor, ein Thermodrucker sowie eine Tastatur. Eine Steuerleitung des Computers führt zu einer selbst entwickelten Injektionsmaschine [153], welche die zur Indikatorverdünnungsmessung verwendete ICG-Lösung auf 0°C gekühlt hält. Die Injektionsmaschine wird vom Computer aus ferngesteuert und mit dem proximalen Lumen des Swan-Ganz-Katheters verbunden, das bei korrekter Plazierung des Einschwemmkatheters zentralvenös mündet. In der Regel werden im Tierversuch bei einem durchschnittlichen Körpergewicht der Versuchstiere von 35 kg 10 ml Glukose 5% mit 0,2 mg/ml ICG in den rechten Vorhof injiziert. Die Indikatoren ICG und Kälte werden nach Lungenpassage über einen selbst entwickelten 5 F-Katheter [152, 156] erfaßt, der distal über einen Thermistor, Fiberoptik und Drucklumen verfügt (Pulsion Medizintechnik, München). Der ICG-

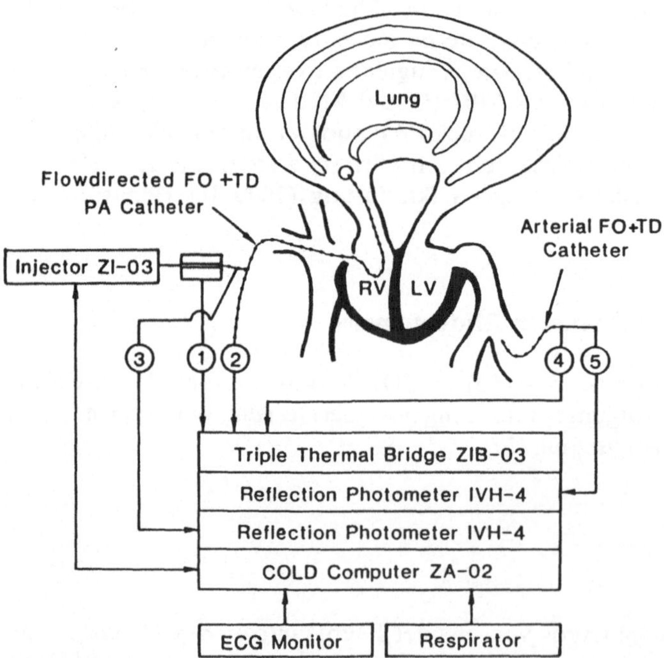

Abb. 5. Schema des COLD-Systems. Ein Swan-Ganz-Katheter mit Fiberoptik und Thermistor (Flowdirected FO + TD PA Catheter) wird in der A. pulmonalis plaziert, ein arterieller „Lungenwasserkatheter" (Arterial FO + TD Catheter) in der A. femoralis. Leitung *1* mißt die Injektattemperatur vor und während der Injektion, *2* und *3* repräsentieren Temperaturmessung und Reflexionsphotometrie in der A. pulmonalis, *4* und *5* sind die dazu analogen Meßleitungen in der A. femoralis

Farbstoff im Blut wird über ein an die Fiberoptik angeschlossenes Reflexionsphotometer (optischer Analysator + optischer Koppler; IVH-4, Picker, München) und die Temperatur über eine spezielle, computersteuerbare Thermodilutionsmeßbrücke (ZIB-03, Pulsion Medizintechnik, München) gemessen. Das Reflexionsphotometer mißt ICG im Vollblut bei 800 nm und eliminiert überlagerte, nicht-ICG-bedingte Störungen infolge der Blutströmung (Erythrozytenverformung, Hämatokrit) durch Division mit dem Signal einer Referenzwellenlänge von 930 nm. Die Signale aus den beiden Meßverstärkern werden in den Computer weitergeleitet und auf einem Analogschreiber (Kontron, Eching) kontinuierlich aufgezeichnet.

4.2.2 Berechnungen und Plausibilitätskontrolle (Auswertungssoftware)

Bevor gemessen werden kann, müssen folgende Eingaben am Terminal getätigt werden:

1) Das Totraumvolumen der Injektionsleitung. Dieses setzt sich zusammen aus dem Totraum des Injektionssets in der Injektionsmaschine V_{is}, dem Totraum einer eventuellen Verlängerung bis zum proximalen Anschluß des Swan-Ganz-Katheters V_e sowie dem Totraum des Swan-Ganz-Katheters V_c. Dazu muß noch angegeben werden, welcher Anteil F der Länge des Swan-Ganz-Katheters sich intrakorporal befindet.
2) Das gewünschte Injektionsvolumen V_i. Es kann zwischen 3 und 20 ml gewählt werden.

Sodann wird die Messung gestartet. Das Programm veranlaßt die Injektionsmaschine, das gewünschte Injektatvolumen zu laden. Gleichzeitig werden die Basislinien von Bluttemperatur T_b und Farbstoff sowie über den in der Injektionsmaschine befindlichen In-line-Injektat-Temperatursensor die Temperatur T_d im extrakorporalen Injektionstotraum (nicht die Temperatur des zur Injektion vorbereiteten Injektats!) gemessen. Die Meßdaten werden mit einer Abtastfrequenz von 10 Hz erfaßt. Nachdem die Basisline für 30 s erfaßt und die Steigungen der Basislinien berechnet wurden, erfolgt die Auslösung der Injektin bei der ersten R-Zacke im EKG in der exspiratorischen Pause des angeschlossenen Respirators. Während der Injektion wird am In-line-Injektattemperatursensor die niedrigste Temperatur während der Injektion ermittelt und als Injektattemperatur T_i' in das Berechnungsprogramm übernommen. Das Programm stoppt die Meßdatenaufnahme, sobald die zeitlich längere Thermodilutionskurve 30% des Maximums auf der abfallenden Flanke erreicht hat.

Elimination von Rezirkulationseinflüssen: Eine Voraussetzung für die korrekte Berechnung des Flusses und der MTT aus Indikatorverdünnungskurven ist, daß eine repräsentative Population der injizierten Indikatorquanten die Meßstelle passiert. Repräsentative Population bedeutet in diesem Fall, daß der an der Meßstelle erfaßte Bruchteil dasselbe zeitliche Konzentrationsprofil aufweist wie die Gesamtpopulation: Ein in einem Blutgefäß liegender Meßkatheter erfaßt – sofern das Gefäß einen wesentlich größeren Durchmesser aufweist als der Meßaufnehmer – zwangsläufig nur einen Bruchteil der eingebrachten Indikatorgesamtmenge.

Eine weitere Voraussetzung beinhaltet, daß das repräsentative Indikatorverteilungsprofil über die Zeit in Gänze aufgenommen werden muß. In praxi liegt jedoch ein System vor, in dem die Indikatoren rezirkulieren. Dies hat zur Folge, daß Indikatorquanten den „Checkpoint" Meßstelle bereits zum 2. Mal passieren, wogegen andere, besonders langsame Teilchen oder Kältequanten, noch den 1. Durchlauf beenden. Für eine korrekte Berechnung von Fluß und MTT muß die Verdünnungskurve aus dem 1. Durchlauf bekannt sein. Die mögliche Überlagerung der idealerweise monoexponentiell [127, 221, 222] abfallenden Kurve durch Rezirkulation wird vom Berechnungsprogramm eliminiert:

Es wird angenommen, daß keine Rezirkulation auf dem abfallenden Schenkel der Dilutionskurve zwischen 80 und 50% des Maximums auftritt. Folglich wird eine Gerade an die logarithmierten und digital gefilterten Meßdaten zwischen 80 und 50% angepaßt und auf 0% verlängert. Die Meßdaten von 50% abwärts werden nun einer kontinuierlichen Regressionsanalyse unterworfen und bei Abnahme des Korrelationskoeffizienten unter den Wert, der sich bei der Anpassung der Geraden zwischen 80 und 50% des Maximums ergeben hat, wird angenommen, daß die Rezirkulation eingesetzt hat. Die Originalmeßdaten werden bis zu diesem Punkt, der variabel zwischen 50 und 30% des Abfalls liegen kann, für die Berechnung der Fläche unter der Dilutionskurve herangezogen. Die rezirkulationsfreie Restfläche wird durch Extrapolation einer neuen Regressionsgeraden zwischen 80% und dem Abbruchspunkt auf 0 bestimmt.

Herzzeitvolumen: Das Thermodilutionsherzzeitvolumen ergibt sich dann analog Gl. 4:

$$C.O. = Q_T = \frac{1{,}08 \cdot (T_b(0) - T_i) \cdot V_i}{\int_0^\infty (T_b(t) - T(t))\, dt} \qquad (9)$$

wobei alle Temperaturen die Einheit ^0K haben; $T_b(t)$ im Nenner ist die Basislinientemperatur bzw. die Bluttemperatur zur Zeit t unter Berücksichtigung der Basisliniendriftkorrektur, der Faktor 1,08 ergibt sich aus dem Quotienten der Produkte von spezifischem Gewicht und spezifischer Wärme von Injektat respektive Blut; die Injektattemperatur T_i ist die mittlere Temperatur des Injektats, das den Injektionskatheter verläßt. Es wird nach folgender Formel berechnet:

$$T_i = \frac{F \cdot V_c \cdot T_b(0) + [(1-F) \cdot V_c + (V_{is} + V_e)] \cdot T_d(0)}{V_i} + \frac{(V_i - V_{is} - V_e - V_c) \cdot T_i'}{V_i} \qquad (10)$$

Im Gegensatz zu anderen Systemen wird keine Korrektur vorgenommen für einen Kälteverlust bei der Injektion. Ein Kältetransfer während der Injektion in das Material von Injektorset und Injektionsleitung, darüber hinaus in das den

Katheter umgebende Gewebe, ist eine Funktion der inneren Oberfläche des gesamten Injektionskanals, der Wärmeleitfähigkeit sowie der Wärmekapazität des umgebenden Materials und der Injektionszeit. Im COLD-System spielt ein Indikatorverlust während der Injektion eine untergeordnete Rolle, da die Injektion mindestens 3mal schneller als Handinjektion vorgenommen wird und außerdem die Wärmeleitfähigkeit und -kapazität der verwendeten Materialien sehr gering ist.

Auf die Berechnung des Herzzeitvolumens aus der Farbstoffverdünnungskurve wird verzichtet, da ansonsten das Reflexionsphotometer IVH 4 regelmäßig kalibriert werden müßte. Da Farbstoff- und Thermodilutionsherzzeitvolumen gleich sein müssen, kann bei allen Berechnungen das Thermodilutionsherzzeitvolumen verwendet werden.

Mittlere Durchgangszeiten: Die mittleren Durchgangszeiten von Kälte MTT_T und Farbstoff MTT_D lassen sich nach Gl. 5 berechnen.

Intrathorakales Blutvolumen ITBV: Aufgrund der Meßstrecke zwischen rechtem Vorhof (Indikatorinjektion) bis zur Aorta thoracica descendens im Tierversuch bzw. bis zur A. femoralis bei Patienten (Indikatorerfassung) wird das gesamte intrathorakale Gefäßsystem durchlaufen. Das daraus errechnete ITBV ist um den Volumenanteil der Aorta größer (s. Abb. 6) als das physiologisch definierte intrathorakale Blutvolumen in Abschn. 3.1

ITBV wird errechnet analog Gl. 6 aus:

$$ITBV = Q_T \cdot MTT_D \,(Aorta) \tag{11}$$

Präpulmonales Blutvolumen PPBV: Analog Gl. 10 läßt sich aus der Meßstrecke rechter Vorhof bis A. pulmonaris ein präpulmonales Blutvolumen PPBV errech-

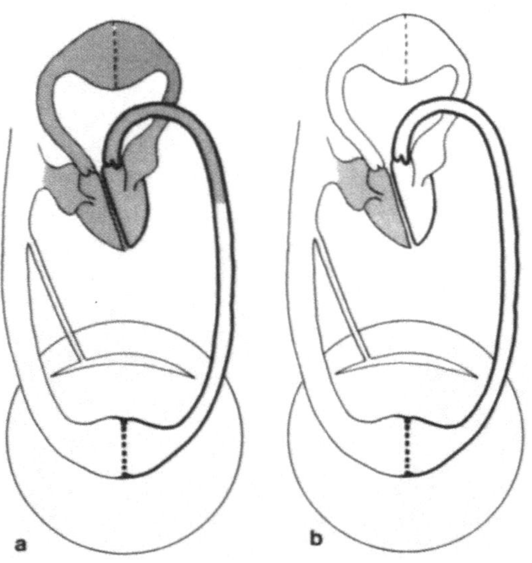

Abb. 6. a UTBV, **b** PPBV

nen. PPBV stellt die Summe des enddiastolischen Volumens von RA und RV dar (s. Abb. 6):

$$PPBV = Q_T \cdot MTT_D (\text{Pulmonalis}) \tag{12}$$

Plausibilitätskontrolle: Das COLD-System berechnet das extravasale Thermovolumen nach dem Durchgangszeitverfahren sowie nach einer Methode, die ein durchlaufenes Volumen aus dem Fluß und der Steigung des Abfalls der Dilutionskurve berechnet. Diese sog. „Slope-volume"-Methode [137] wurde von uns auf ihre Genauigkeit hin überprüft. Es konnte gezeigt werden, daß die „Slope-volume"-Methode der MTT-Methode bezüglich Genauigkeit bei der ETV-Messung ebenbürtig ist [152]. Dadurch war es möglich, Plausibilitätsgrenzen für die ETV_{MTT}-Messung zu definieren. Da sich das ETV_{MTT} aus der Differenz $TV_{MTT} - ITBV$ errechnet, dient die ETV_{MTT}-Überprüfung gleichzeitig als Kontrolle für die Richtigkeit des ITBV-Meßergebnisses.

5 Untersuchungsreihen

5.1 Genauigkeit der ETV/ITBV-Bestimmung

Eine Überprüfung der Genauigkeit der Druckmessung erübrigte sich, da die Druckmeßsysteme laufend kalibriert wurden. Eine direkte In-vivo-Überprüfung der Genauigkeit der ITBV-Messung anhand eines Vergleichs mit dem postmortal bestimmten ITBV ist zum einen technisch kaum durchführbar, weil hierzu innerhalb von Minuten nach der letzten Thermo-dye-Messung sämtliche großen Zu- und Abflüsse im Thorax gleichzeitig unterbunden werden müßten. Zum anderen wird durch die Unterbindung eines Gefäßes Blut verschoben, d. h. daß ein noch so sorgfältig und ohne Blutverlust entnommenes Herz-Lungen-Gefäßpräparat nicht den In-vivo-Blutgehalt aufweisen kann. Geht man den Umweg über das mittels der Thermo-dye-Technik bestimmte ETV_{MTT}, das die Differenz TV_{MTT}-ITBV repräsentiert, und beurteilt die Genauigkeit der ETV-Messung, läßt sich postulieren, daß die ITBV-Messung mindestens so genau sein muß wie die ETV-Messung.

Die Genauigkeit des COLD-Systems wurde im Rahmen einer Untersuchung am Hund überprüft, wobei eine pulmonale Mikroembolie [155] erzeugt wurde.

Versuchsdurchführung: Elf Mischlingshunde (mittleres Körpergewicht 32,2 kg) wurden nach Einleitung mit Metomidat (nach Wirkung) und Intubation mittels Metomidat (5 mg/kg/h), Fluanison und Fentanyl kontinuierlich intravenös anästhesiert und mit Alcuroniumchlorid (0,1 mg/kg/h) relaxiert. Sie wurden volumenkontrolliert bei einer Frequenz von 20/min mit Raumluft beatmet (Siemens Servo Ventilator 900 B). Die Höhe des Atemminutenvolumens wurde eingestellt um Normoventilation zu erzielen. Die Plazierung von Cavakatheter und Pulmonaliseinschwemmkatheter wurde bereits in Abschn. 4.1.1 und 4.2.1 beschrieben. Zur Erfassung der Temperatur- und Farbstoffkurven wurde ein arterieller 5 F-Fiberoptikthermistorkatheter („Lungenwasserkatheter") über die A. carotis links in die Aorta thoracica descendes bis etwa 5 cm kranial des Zwerchfells vorgeschoben. Die Meßkatheter wurden mit dem COLD-System verbunden, und es wurden jeweils 5 Kontrollwertmessungen in Abständen von 5 min durchgeführt. Sodann erfolgte die Infusion des Fibrinolyseinhibitors Tranexamsäure (50 mg/kg) über 15 min, gefolgt von Thrombin (300 NIH/kg) über 30 min. Zur Volumensubstitution wurde Ringer-Laktat oder Dextran 70 in einer Dosierung von 12 ml/kg/h bzw. 4 ml/kg/h infundiert. Die Tiere entwickelten durch die mittels Tranexamsäure und Thrombin induzierte intravasale Gerinnung eine pulmonale Mikroembolie, als deren Folge das in Abständen von 15 min gemessene ETV kontinuierlich stieg. In den einzelnen Versuchen wurde in verschiedenen Stadien der Lungenödementwicklung die gravimetrische Bestimmung des extravasalen Lungenwassers (EVLWpm) eingeleitet, um Ergebnisse über den gesamten klinisch relevanten Lungenwasserbereich gewinnen zu können. Zur Durchführung sei angemerkt, daß die letzte Thermo-dye-Messung bei offenem Thorax und bereits liegenden, zur Ligatur der Pulmonalgefäße vorbereiteten Unterbindungsfäden durchgeführt wurde. Sofort nach Vorliegen der Thermo-dye-Meßergebnisse wurden die Katheter zurückgezogen und die Pulmonalgefäße gleichzeitig am Hilus unterbunden.

Statistische Auswertung: Zur Beurteilung der Reproduzierbarkeit der Thermo-dye-Messung wurde der Mittelwert des Variationskoeffizienten für ITBV und ETV_{MTT} [172] von 5 Ausgangswertmessungen aus den oben genannten 11 Versuchen sowie aus 15 weiteren Experimenten einer anderen Versuchsreihe ermittelt, der die gleiche Methodik zugrundelag.

Um den Zusammenhang zwischen den zuletzt gemessenen In-vivo-ETV_{MTT}-Werten und EVLWpm zu ermitteln, wurden die Wertepaare in ein x-y-Koordinatensystem eingetragen und eine Regressionsgleichung hier in der Form $y = bx + a$ angepaßt [172]. Gleichzeitig wurde eine Korrelationsanalyse durchgeführt.

5.2 Normbereich der Leitparameter

Versuchsanordnung: Zur Beurteilung des Normbereichs der Leitparameter CVP, PCWP und ITBV unter experimentellen Bedinungen wurden die Kontrollwertmessungen von 122 Hunden herangezogen, an denen verschiedenste Untersuchungen durchgeführt wurden. Bei allen Versuchsreihen war das methodische Procedere identisch mit dem auf S. 31 beschriebenen. Alle Versuchstiere waren anästhesiert, relaxiert und mit intermittierend positivem Druck volumenkontrolliert beatmet (IPPV). Während der etwa 3stündigen Präparationsphase bis zur Aufnahme der Kontrollwerte wurden einschließlich der Spüllösung zum Offenhalten der Katheter circa 20 ml/kg Ringer-Laktatlösung i.v. bzw. arteriell appliziert.

Statistische Auswertung: Zur Beurteilung der interindividuellen Streuung der Parameter CVP, PCWP und ITBV wurden wieder die Mittelwerte und Variationskoeffizienten [172] dieser Messungen ermittelt.

5.3 Verhalten der Leitparameter bei Hypovolämie

In 2 Untersuchungsreihen wurde das Vehalten von CVP, PCWP und ITBV bei der Entwicklung einer akuten sowie einer protrahierten Hypovolämie am Hund beobachtet.

5.3.1 Akute Hypovolämie

Versuchsanordnung: Siebzehn Hunde mit einem mittleren Körpergewicht von 28,2 kg wurden, wie auf S. 31 beschrieben, in Rückenlage präpariert. Um schnelle Blutvolumenänderungen durchführen zu können, wurden zusätzlich Silastikschläuche (3 · 5 mm) in die rechte A. und V. femoralis implantiert. Die systemische Antikoagulation erfolgte mit 100 IU/kg Heparin i.v. Nach 2facher Registrierung der Basiswerte von CVP, PCWP und ITBV wurde Blut kontinuierlich mit einer Geschwindigkeit von 1 ml/kg/min entzogen, bis der arterielle Mitteldruck (MAP) bei 40 mm Hg angelangt war. Dann wurde die Retransfusion mit gleicher Geschwindigkeit durchgeführt. Während der Volumenentzugs- und -wiederauffüllungsphase wurden CVP-, PCWP- und ITBV-Messungen in Intervallen von 5 min durchgeführt.

Statistische Auswertung: Die Sensitivität von CVP, PCWP und ITBV wurde anhand von linearen Regressionsanalysen [172] beurteilt. Die Analyse erstreckte sich sowohl auf die individuellen als auch auf die zusammengefaßten (interindividuellen) Wertepaare der Veränderung des zirkulierenden Blutvolumens BV und der jeweiligen Veränderung von CVP, PCWP oder ITBV.

5.3.2 Protrahierte Hypovolämie

Versuchsanordnung: Die Untersuchungen wurden an insgesamt 16 Schäferhundbastarden (mittleres Körpergewicht 34,7 kg) durchgeführt. Die Tiere wurden in üblicher Weise anästhesiert (s. S. 31) und intubiert, jedoch nicht relaxiert. Unter assistierter Beatmung (Siemens Servo Ventilator 900 B, Triggerschwelle -3 cm H_2O) mit Raumluft wurden Cavakatheter, Pulmonaliseinschwemmkatheter und der arterielle „Lungenwasserkatheter" gelegt. Für die Einführung des „Lungenwasserkatheters" wurde ein Silastikkatheter von 3 · 5 mm in die A. carotis links gelegt, dessen Lumen groß genug war, um darüber schnell größere Volumina Blut zu entnehmen. Nach Abschluß der Präparationsarbeiten wurden bei stabilen Kreislaufverhältnissen folgende Parameter bestimmt: PAP, PCWP, MAP, HF (American Optical Monitor 1500), C.I., ITBV, ETV, arterielle und gemischtvenöse Blutgase, Sauerstoffsättigung und Hb (Instrumentation Laboratory Blutgasanalysator IL 613 und CO-Oximeter IL 282), Hkt (Autocrit, Clay Adams, USA) und das Laktat. Die arteriovenöse Sauerstoffgehaltsdifferenz $D_{a\bar{v}}O_2$ wurde errechnet:

$$D_{a\bar{v}}O_2 = \frac{(S_aO_2 - S_vO_2) \cdot Hb \cdot 1{,}39}{100} + (p_aO_2 - p_vO_2) \cdot 0{,}0031$$

wobei
S_aO_2 = arterielle Sauerstoffsättigung,
S_vO_2 = gemischtvenöse Sauerstoffsättigung,
Hb = Hämoglobingehalt,
1,39 = spezifische O_2-Bindungskonstante für Hb,
p_aO_2 = arterieller Sauerstoffpartialdruck,
p_vO_2 = gemischtvenöser Sauerstoffpartialdruck,
0,0031 = Löslichkeitskoeffizient für O_2 im Serum.

Nach Beendigung der Kontrollwertmessungen wurden den Tieren über den arteriellen Silastikkatheter 10 ml/kg Blut in 50-ml-Portionen entnommen und umgehend perifemoral i.m. injiziert., Es wurde keine Volumensubstitution vorgenommen. Unter Beendigung der i.v.-Anästhesie wurden die Katheter gespült, verschlossen und unter einem Verband gesichert. Anschließend verbrachte man die Tiere in einen Stall, wo sie im Mittel nach etwa 2 Stunden wach waren und kurze Zeit später auch spontan Wasser zu sich nehmen konnten. 24 Stunden nach Erzeugung des Hämatoms wurden die Messungen des Vortags unter den gleichen Bedingungen wiederholt.

Statistische Auswertung: Zur statistischen Beurteilung der durch den gesetzten Insult hervorgerufenen Veränderungen wurden Kontrollwerte und Hämatomwerte dem parameterfreien Test für gepaarte Stichproben nach Wilcoxon [172] unterworfen. Das Signifikanzniveau wurde auf 5% festgelegt.

5.4 Verhalten der Leitparameter bei ITP-Veränderungen

Das Verhalten von CVP, PCWP, ITBV, aber auch der restlichen Hämodynamik, durch Veränderungen der Respiration wurde in 2 verschiedenen Untersuchungsreihen an Schwein und Hund untersucht.

5.4.1 Vergleich von Spontanatmung mit IPPV

Versuchsanordnung: Achtzehn deutsche Landschweine mit einem mittleren Körpergewicht von 29,3 kg wurden mittels Azaperon i.m. sediert, mit Etomidat i.v. anästhesiert und intubiert. Die Anästhesie wurde fortgesetzt mit 10 mg/kg/h Ketamin i.v. und 0,3 mg/kg/h Alcuroniumchlorid unter volumenkontrollierter Beatmung. Die Atemfrequenz betrug 20/min, das Atemminutenvolumen wurde so eingestellt, daß Normoventilation gewährleistet war. In Rückenlage wurden unter aseptischen Bedingungen ein 7 F-Swan-Ganz-Katheter via V. jugularis externa, ein Cavakatheter via V. jugularis interna zentralvenös und der arterielle 5 F-Lungenwasserkatheter über die A. carotis links in die Aorta thoracica descendens gelegt. Während der Präparationsphase wurden zur Kompensation von Flüssigkeitsverlusten 25 ml/kg Ringer-Laktat infundiert.

Bei 9 Tieren wurden die Katheter, in einer subkutanen Tunnelung nach dorsal verlegt, im Nacken ausgeleitet. Nach Durchführung der Präparation und Lage- sowie Funktionskontrolle wurden die Katheter gespült und in einem in der nuchalen Region festgenähten PVC-Gewebesack gesichert. Die Zufuhr von Ketamin wurde eingestellt und die Muskelrelaxierung mittels Neostigmin antagonisiert. Bei ausreichender Spontanatmung wurden die Schweine in den Stall zurückgebracht, extubiert und bis zum Aufwachen nach etwa einer Stunde überwacht. Sobald sich die Tiere wieder im Stall bewegten, wurde ihnen freier Zugang zu Wasser und Futter gestattet. Am nächsten Tag lockte man die Tiere mit Futter in einen fahrbaren Käfig. Die tags zuvor implantierten Katheter wurden mit den Meßgeräten verbunden und CVP, PCWP, ITBV und C.O. gemessen. Bei

der Druckmessung wurde peinlichst genau darauf geachtet, den Nullreferenz-
punkt immer der spontan eingenommenen Körperposition der Schweine (Liegen, Stehen oder Sitzen) anzupassen. Dabei wurden die Druckaufnehmer auf die
geschätzte mittlere Herzhöhe eingestellt.

Die 9 Schweine der IPPV-Gruppe wurden nach Abschluß der Präparationsarbeiten in Bauchlage gebracht. Nach Stabilisierung der Hämodynamik wurden
unter Fortführung von Anästhesie und volumenkontrollierter Beatmung ebenso
CVP, PCWP, ITBV und C.O. bestimmt.

Statistische Auswertung: Die Signifikanz eines Unterschieds zwischen den Er-
gebnissen der beiden Gruppen wurde mit dem Test nach Wilcoxon, Man und
Withney [172] überprüft. Das Signifikanzniveau lag bei $p < 0{,}05$.

Außerdem wurden die Daten aus beiden Gruppen zur Berechnung von Regres-
sionsanalysen gepoolt. Verglichen wurden folgende Parameter:
- Schlagvolumenindex SVI und ITBV,
- Herzzeitvolumenindex C.I. und ITBV,
- C.I. und CVP,
- C.I. und PCWP.

5.4.2 Auswirkungen von PEEP-Beatmung

Versuchsanordnung: Diese Untersuchung wurde an 10 Mischlingshunden mit einem mittleren Körpergewicht von 32,1 kg durchgeführt. Anästhesie, Beatmung
und Präparation erfolgten wie auf S. 31 beschrieben, ebenso die Plazierung der
Meßkatheter, jedoch wurde anstatt des üblichen Pulmonaliseinschwemmkathe-
ters einer mit zusätzlicher Fiberoptik an der Spitze eingesetzt. Dadurch wurde es
möglich, Farbstoffkurven auch in der A. pulmonalis zu registrieren. Neben ITBV
konnte deshalb auch das Blutvolumen zwischen Indikatorinjektionsort (rechter
Vorhof) und A. pulmonalis, das sog. präpulmonale Blutvolumen PPBV, bestimmt werden. Ein via. A. carotis rechts in den linken Ventrikel (LV) vorgescho-
benes Mikrotipmanometer (PC-470, Millar, Houston) erfaßte den LV-Druck.
Aus den über 20 Atemzyklen registrierten LV-Druckkurven wurde die maximale
Druckanstiegsgeschwindigkeit dp/dt_{max} zur Beurteilung der Kontraktilität ermittelt.

Nach Registrierung der Basislinienwerte unter ZEEP-Beatmung wurde der end-
exspiratorische Druck stufenweise um 5 cm H_2O bis auf 15 cm H_2O erhöht. Nach
15 min Stabilisierungszeit nach Einstellung einer neuen PEEP-Stufe wurden die
hämodynamischen Messungen vorgenommen.

Nach diesem 1. PEEP-Zyklus wurde wie in den bereits geschilderten
Versuchen eine pulmonale Mikroembolie mittels Infusion von Tranexamsäure
(50 mg/kg) über 15 min, gefolgt von Thrombin (300 NIH/kg) über 30 min erzeugt. Die Mikroembolie bedingt eine massive Zunahme des pulmonalen Strö-
mungswiderstands bei gleichzeitiger peripherer Dilatation. Der sich entwik-
kelnde Kreislaufschock bedurfte der Volumensubstitution, die mit 25 ml/kg
Dextran 70 6% über 30 min vorgenommen wurde. Vorversuche hatten gezeigt,

daß trotz des guten Volumenstatus höhere PEEP-Stufen als 7,5 cm H_2O zum Kreislaufversagen führten. Die daher notwendige Kreislaufstützung erfolgte mittels kontinuierlicher Gabe von 5 µg/kg/min Dopamin sowie 0,5 µg/kg/min Noradrenalin in 4 ml/kg/h Dextran 70 als Trägerlösung. Dann wurde bei stabilen Kreislaufverhältnissen der 2. PEEP-Zyklus durchgeführt.

Statistische Auswertung: Zur statistischen Beurteilung der durch die jeweilige PEEP-Stufe hervorgerufenen Veränderungen wurden Kontrollwerte und die entsprechenden PEEP-Stufenwerte eines jeden PEEP-Zyklus paarweise dem parameterfreien Test für gepaarte Stichproben nach Wolcoxon [172] unterworfen. Das Signifikanzniveau wurde auf $p < 0,05$ festgelegt.

Außerdem wurden Regressionsanalysen [172] mit den Wertepaaren des jeweiligen PEEP-Zyklus vor und nach der Mikroembolie durchgeführt zwischen:

- PPBV und ITBV,
- Schlagvolumenindex SVI und ITBV,
- Schlagvolumenindex SVI und PPBV,
- Herzzeitvolumenindex C.I. und ITBV,
- Herzzeitvolumenindex C.I. und PPBV.

In den jeweiligen Regressionsanalysen wurden die Wertepaare vor und nach Mikroembolie getrennt analysiert.

C. Ergebnisse

6 Leitparameter

6.1 Genauigkeit

Der Variationskoeffizient für 5 aufeinanderfolgende ITBV-Messungen betrug 4,3%.

Die Überprüfung der Meßgenauigkeit des COLD-Systems anhand des Vergleichs von ETV_{MTT} und EVLWpm mittels einer Regressionsanalyse ergab folgenden Zusammenhang (s. Abb. 7):

$$ETV_{MTT} = 3,88 + 1,14 \cdot EVLWpm, \quad r = 0,98$$

6.2 Normbereich

Als Normwert für Hunde unter Narkose und IPPV-Beatmung konnte definiert werden:

	Normwert	Variationskoeffizient (%)
CVP	4,2 mm Hg	51,9
PCWP	6,9 mm Hg	40,3
ITBV	23,1 ml/kg	20,1

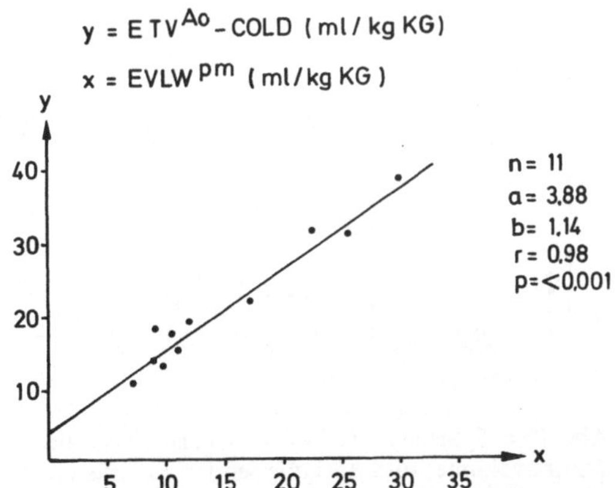

Abb. 7. Regressionsanalyse zwischen dem extravasalen Thermovolumen ETV und dem postmortal gemessenen EVLW

6.3 Verhalten bei Hypovolämie

6.3.1 Akute Hypovolämie

Die Steigung a der Regressionsanalysen und der Korrelationskoeffizient r für
den Vergleich der Veränderung des zirkulierenden Blutvolumens und der Veränderung von CVP, PCWP oder ITBV in den einzelnen Versuchen wurden bestimmt. Zur Verdeutlichung ist anstatt a der Kehrwert 1/a angegeben, der angibt, wieviel Blut verschoben werden mußte, um eine Veränderung des entsprechenden Parameters um eine Einheit zu bewirken. r und 1/a schwankten in fol-
gendem Bereich:

	r	1/a
CVP	0,78 – 0,92	10,1 – 49,2 mlBlut/mm Hg
PCWP	0,82 – 0,90	5,0 – 16,6 mlBlut/mm Hg
ITBV	0,89 – 0,99	2,77 – 3,85 mlBlut/ml/kg

Analog zu den Einzelregressionen wurden r und 1/a auch für die Gesamtpopulation der Versuche bestimmt:

	r	1/a
CVP	0,29	43,1 mlBlut/mm Hg
PCWP	0,47	16,3 mlBlut/mm Hg
ITBV	0,92	3,2 mlBlut/ml/kg

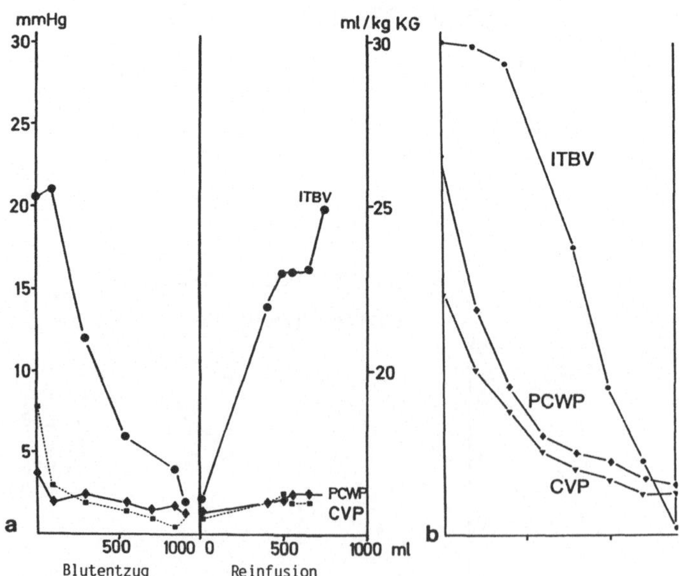

Abb. 8. a Typischer Verlauf von ITBV, CVP und PCWP während Blutentzug, ausgehend von
Normovolämie, und anschließender Reinfusion des entzogenen Volumens. **b** Analoges Procedere bei einem hypervolämischen Tier (wurde nicht ausgewertet), dessen Blutvolumen vor Blutentzug durch Zufuhr von 500 ml Dextran 70 innerhalb von 5 min expandiert wurde

Abbildung 8 zeigt Verläufe von ITBV, CVP und PCWP während Blutentzug und Reinfusion an 2 Beispielen.

6.3.2 Protrahierte Hypovolämie

Nur 9 der 16 Versuchstiere überlebten die 24-h-Periode. Die versterbenden Tiere zeigten die Symptome einer massiven hämorrhagischen Enteritis und starben im hypovolämisch-hämorrhagischen Schock (Tabelle 1).

Abbildung 9 zeigt die Bewegung der ITBV-PCWP-Koordinaten infolge des Schocks.

Tabelle 1. Mittelwerte ± Standardfehler der relevanten Parameter der 24-h-Überlebenden

Parameter	Einheit	Kontrolle	24 h nach Hämatom
MAP	mm Hg	95,6 ± 10,1	74,1 ± 7,10
PAP	mm Hg	13,6 ± 1,04	*18,6 ± 1,53
C. I.	ml/kg/min	133,3 ± 10,2	99,1 ± 11,9
$S_v O_2$	%	70,6 ± 2,05	*54,3 ± 6,39
$D_{av} O_2$	Vol.-%	4,2 ± 0,57	*7,5 ± 1,08
ITBV	ml/kg	32,2 ± 1,52	*20,4 ± 1,88
PCWP	mm Hg	3,5 ± 0,34	5,0 ± 0,61
Hkt	%	42,0 ± 2,69	42,4 ± 3,18
Laktat	mmol/l	1,8 ± 0,47	*7,2 ± 1,82

* Signifikant gegenüber Kontrolle.

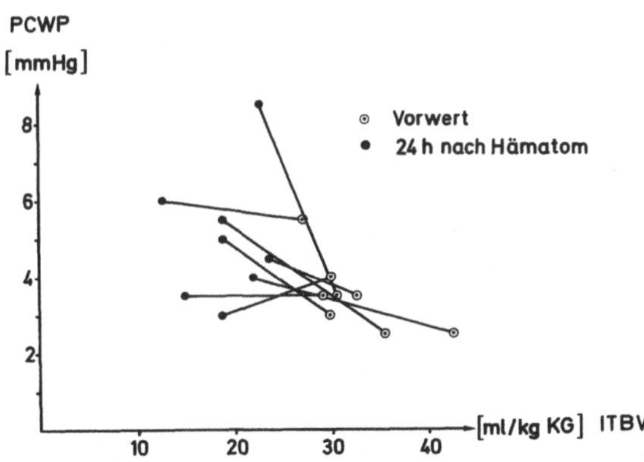

Abb. 9. Linksverschiebung der ITBV-PCWP-Relation durch protrahierte Hypovolämie

6.4 Verhalten der Leitparameter bei Beatmung

6.4.1 Vergleich von Spontanatmung mit Beatmung

Die Abb. 10 und 11 zeigen den Effekt der Überdruckbeatmung auf CVP und PCWP, ITBV und C. I.

Die Unterschiede in CVP, ITBV und C. I. sind statistisch signifikant $(p < 0,05)$.

Die Abb. 12-15 zeigen Regressionsanalysen zwischen CVP und C. I., PCWP und C. I., ITBV und C. I. sowie ITBV und SVI, wobei die beiden letzten Analysen signifikante Korrelationen mit $r = 0,51$ und $r = 0,67$ ergaben.

6.4.2 Auswirkungen von PEEP-Beatmung

Vor Induktion der pulmonalen Mikroembolie stiegen HF (Abb. 16), PAP (Abb. 19) und PCWP (Abb. 20) mit Zunahme des endexspiratorischen Drucks. C. I. (Abb. 18), dp/dt_{max} im LV (Abb. 17), SVI (Abb. 21), PPBV (Abb. 22) und ITBV (Abb. 23) fielen mit zunehmender Höhe des PEEP ab.

Signifikante Korrelationen bestanden zwischen den PEEP-induzierten Veränderungen von ITBV und SVI $(r = 0,63$; Abb. 24), von PPBV und SVI $(r = 0,69$; Abb. 25) und von ITBV und PPBV $(r = 0,63$; Abb. 28), lediglich eine schwache Korrelation zeigte sich mit $r = 0,51$ zwischen ITBV und C. I.

Nach Mikroembolie bewirkte PEEP nur bei einer Höhe von 15 cm H_2O einen signifikanten Anstieg des PCWP. Wieder stufenabhängig zeigte sich eine bei 15 cm H_2O PEEP signifikante Abnahme des Schlagvolumenindex SVI. Die Mittelwerte der Herzfrequenz HF, der linksventrikulären maximalen Druckanstiegsgeschwindigkeit dp/dt_{max}, des Herzzeitvolumens C. I., des ITBV und des PPBV blieben bei erheblicher Zunahme der Streuung jedoch weitgehend unverändert (Abb. 16-23).

Signifikante Korrelationen fanden sich zwischen ITBV und SVI $(r = 0,52$; Abb. 26), PPBV und SVI $(r = 0,81$; Abb. 27) sowie ITBV und PPBV $(r = 0,71$; Abb. 28).

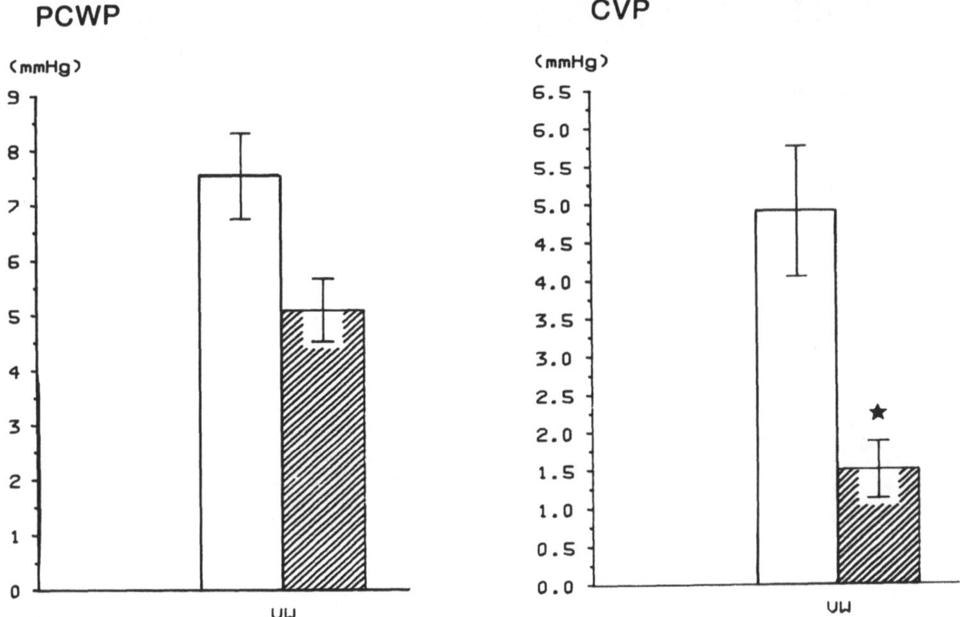

Abb. 10. CVP und PCWP unter Spontanatmung ▨ und IPPV-Beatmung ▢ (*Signifikanz)

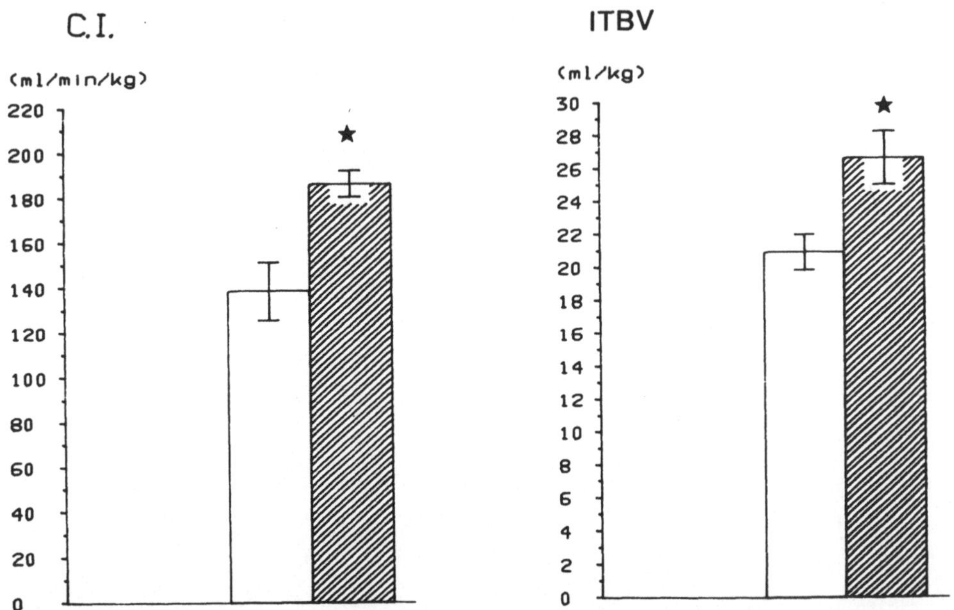

Abb. 11. C. I. und ITBV unter Spontanatmung ▨ und IPPV ▢ (*Signifikanz)

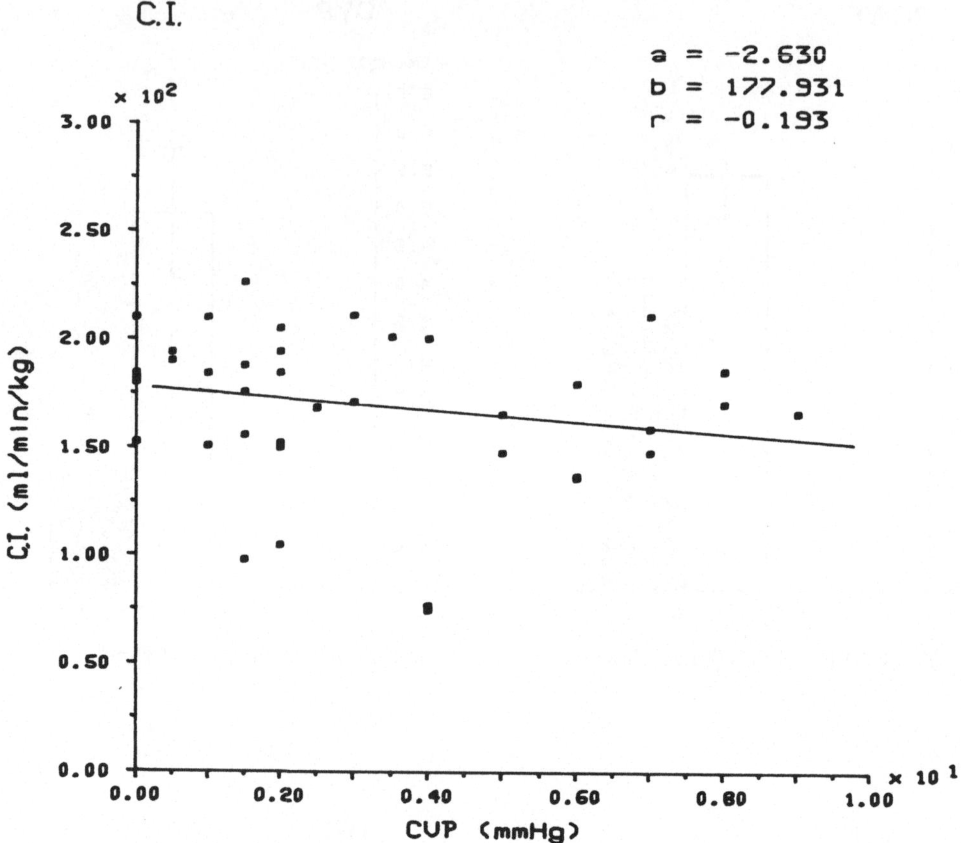

Abb. 12. Spontanatmung/IPPV-Regressionsanalyse zwischen CVP und C. I.

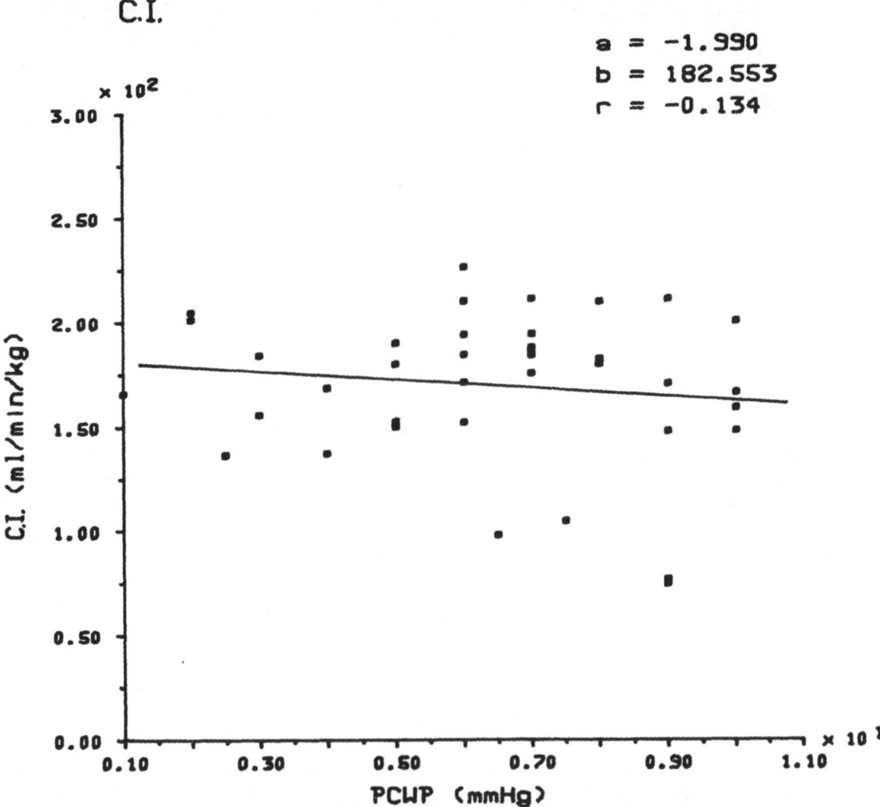

Abb. 13. Spontanatmung/IPPV-Regressionsanalyse zwischen PCWP und C. I.

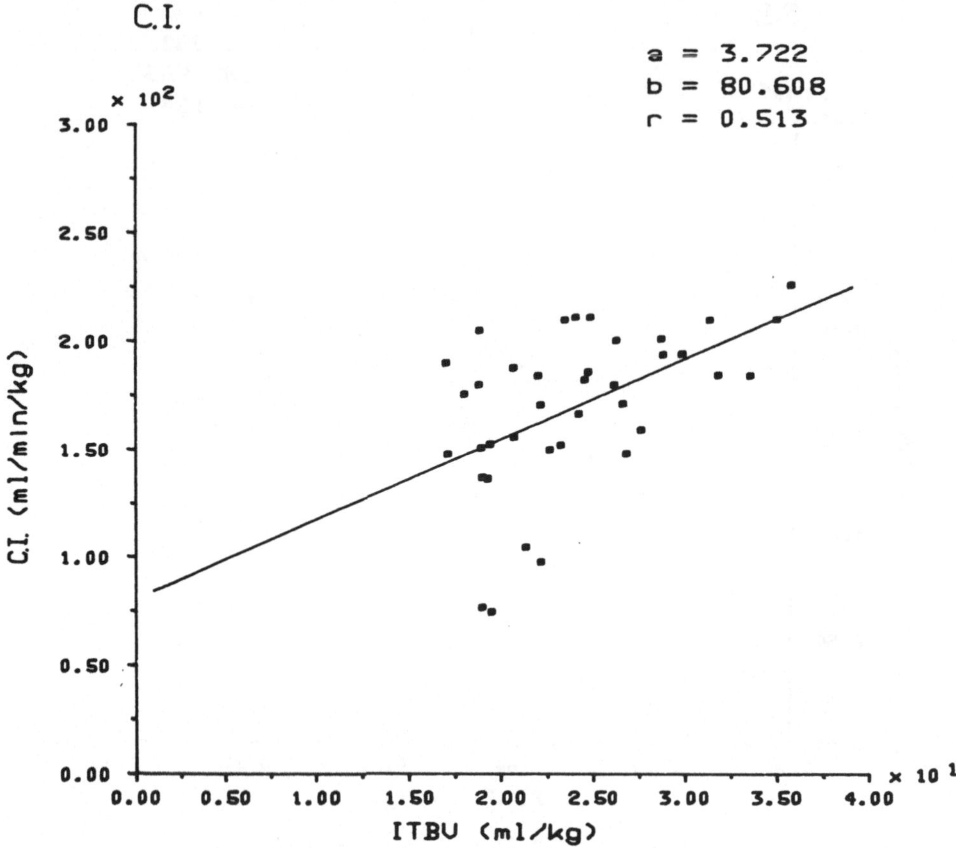

Abb. 14. Spontanatmung/IPPV-Regressionsanalyse zwischen ITBV und C. I.

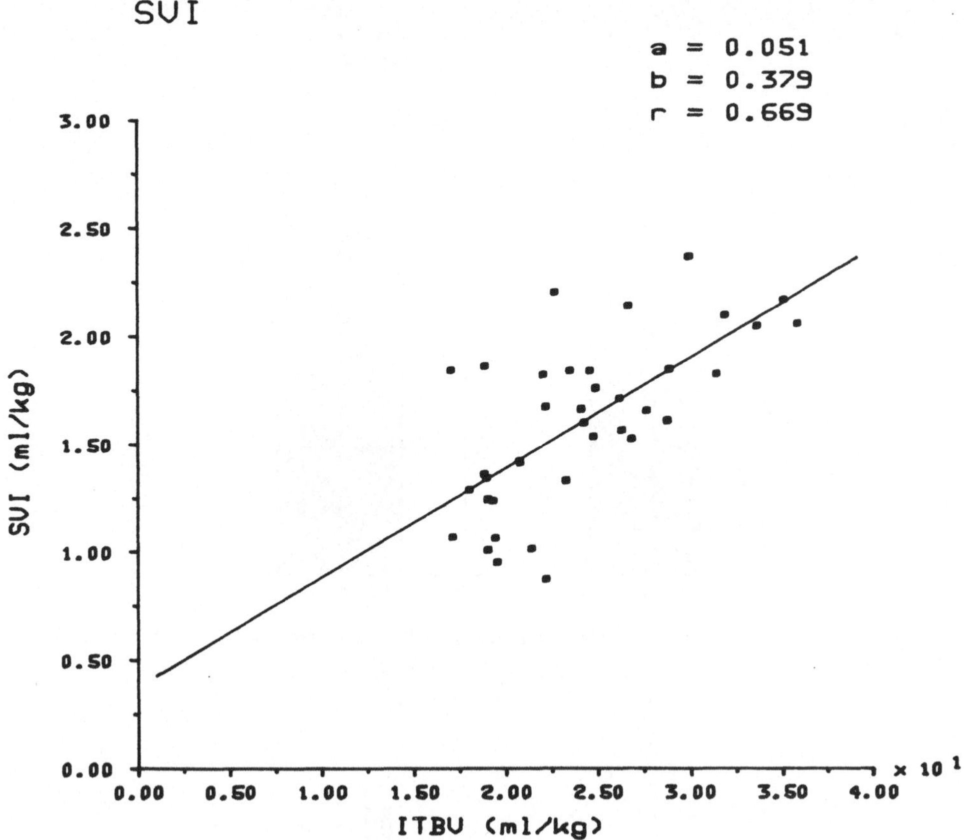

Abb. 15. Spontanatmung/IPPV-Regressionsanalyse zwischen ITBV und SVI

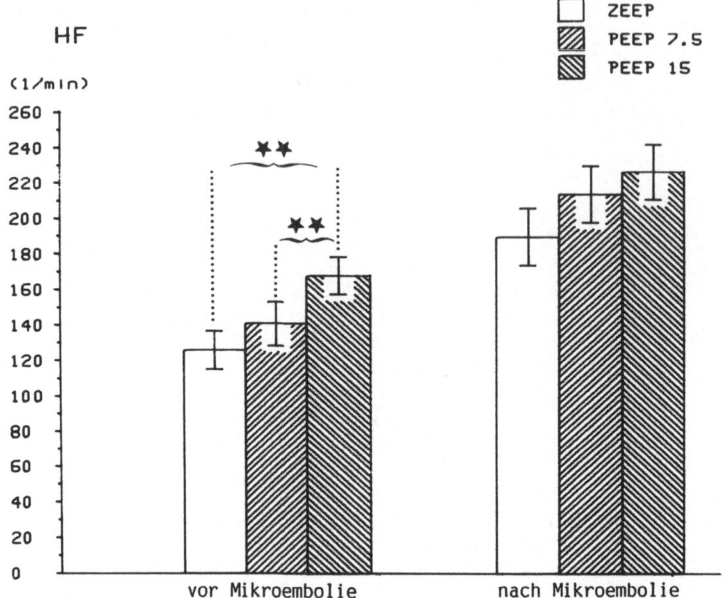

Abb. 16. Herzfrequenz (HF) bei verschiedenen PEEP-Stufen vor und nach Mikroembolie (* Signifikanz) Unterschied

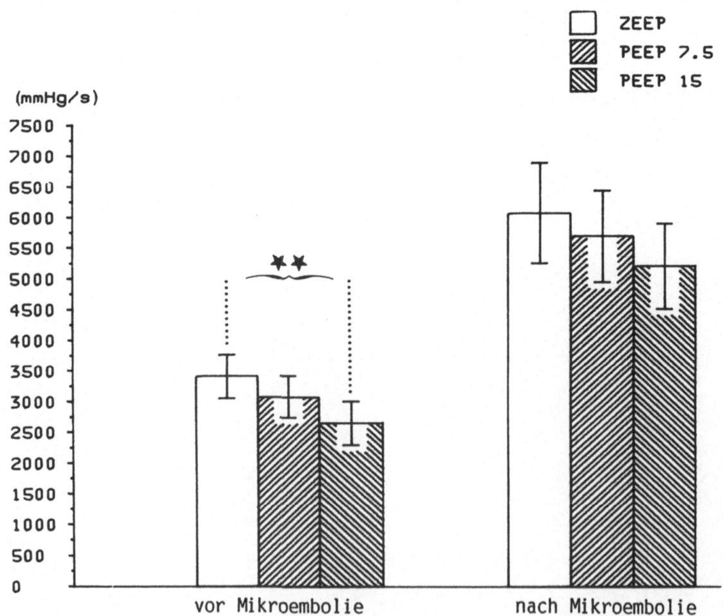

Abb. 17. dp/dt_{max} im LV (mmHg/s) bei verschiedenen PEEP-Stufen vor und nach Mikroembolie (*Signifikanz)

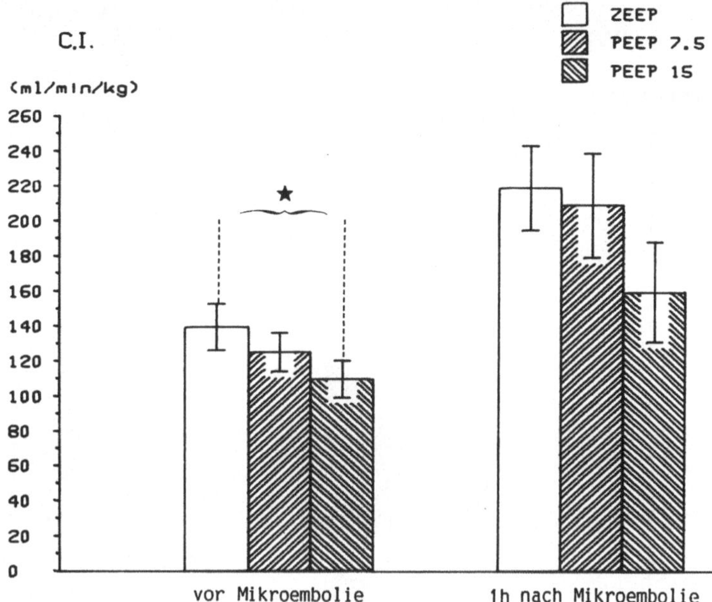

Abb. 18. C.I. bei verschiedenen PEEP-Stufen vor und nach Mikroembolie (*Signifikanz) Unterschied

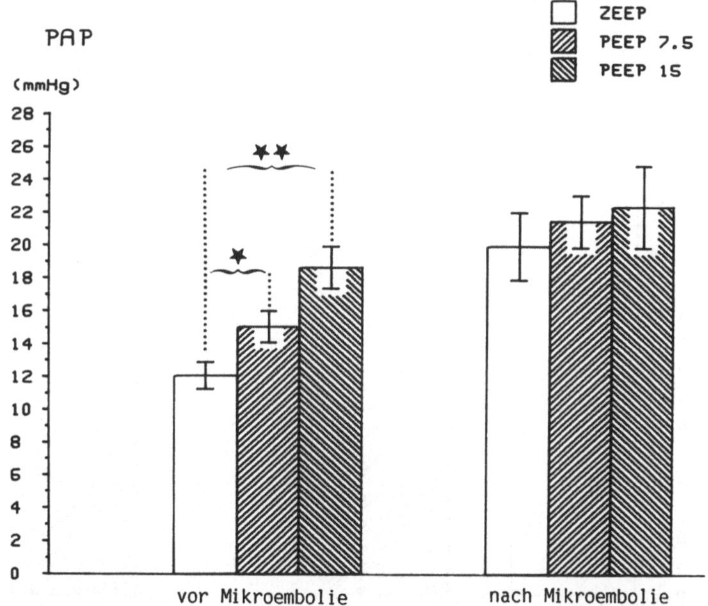

Abb. 19. PAP bei verschiedenen PEEP-Stufen vor und nach Mikroembolie (*Signifikanz) Unterschied

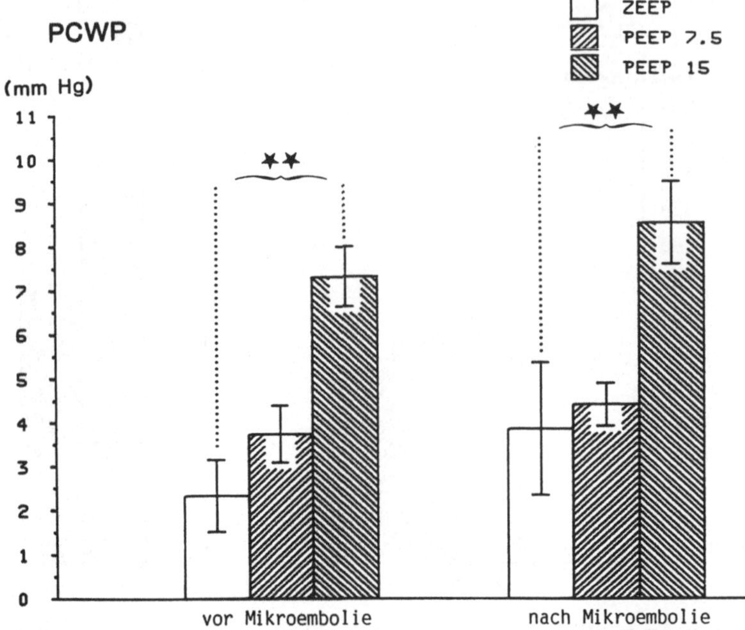

Abb. 20. PCWP bei verschiedenen PEEP-Stufen vor und nach Mikroembolie (*Signifikanz)

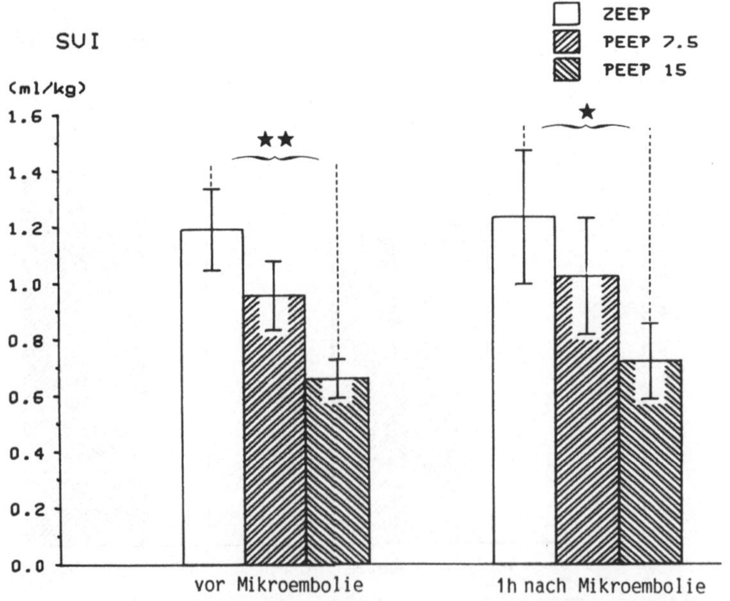

Abb. 21. SVI bei verschiedenen PEEP-Stufen vor und nach Mikroembolie (*Signifikanz)

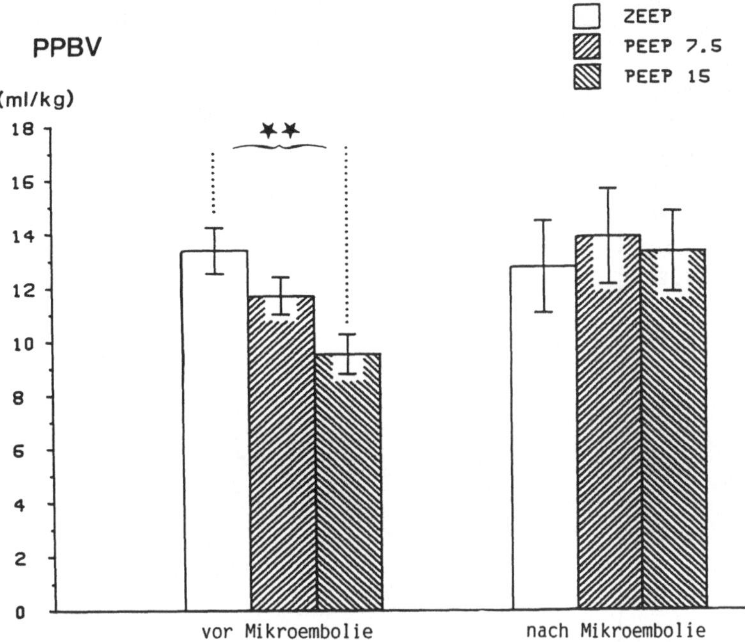

Abb. 22. PPBV bei verschiedenen PEEP-Stufen vor und nach Mikroembolie (*Signifikanz)

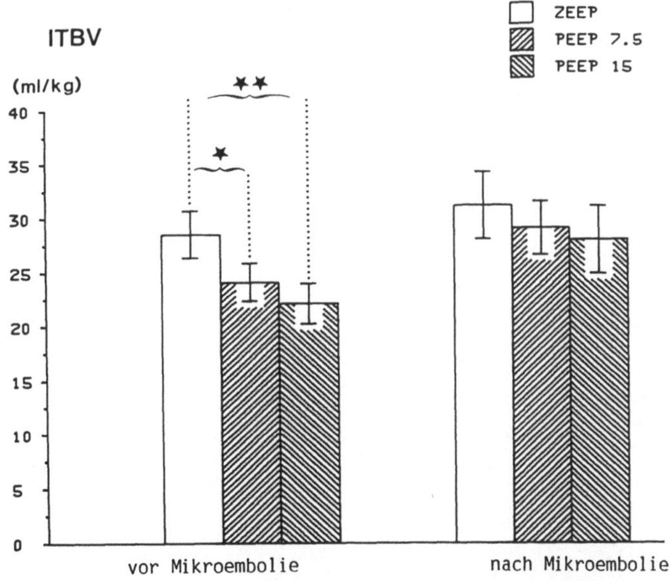

Abb. 23. ITBV bei verschiedenen PEEP-Stufen vor und nach Mikroembolie (*Signifikanz)

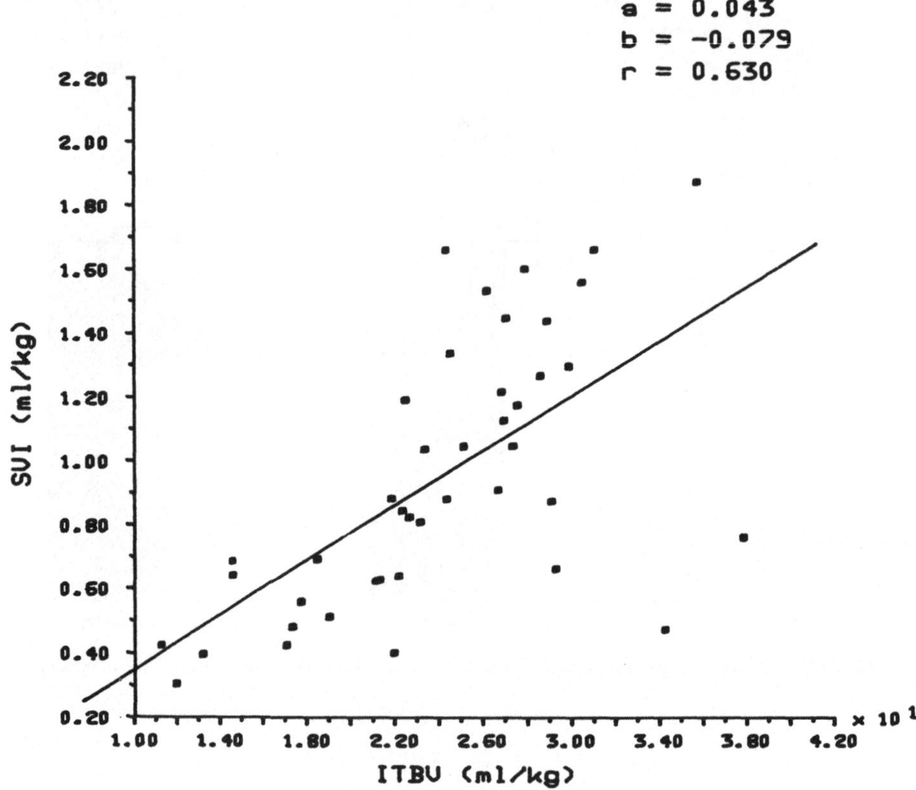

Abb. 24. PEEP-Regressionsanalyse zwischen ITBV und SVI vor Mikroembolie

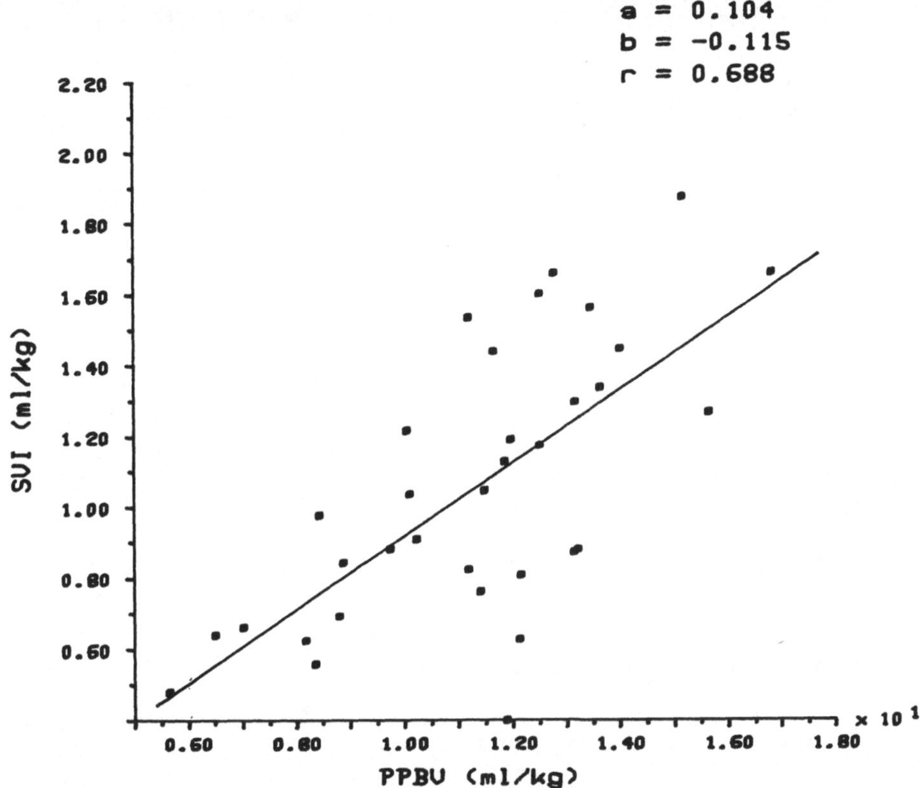

Abb. 25. PEEP-Regressionsanalyse zwischen PPBV und SVI vor Mikroembolie

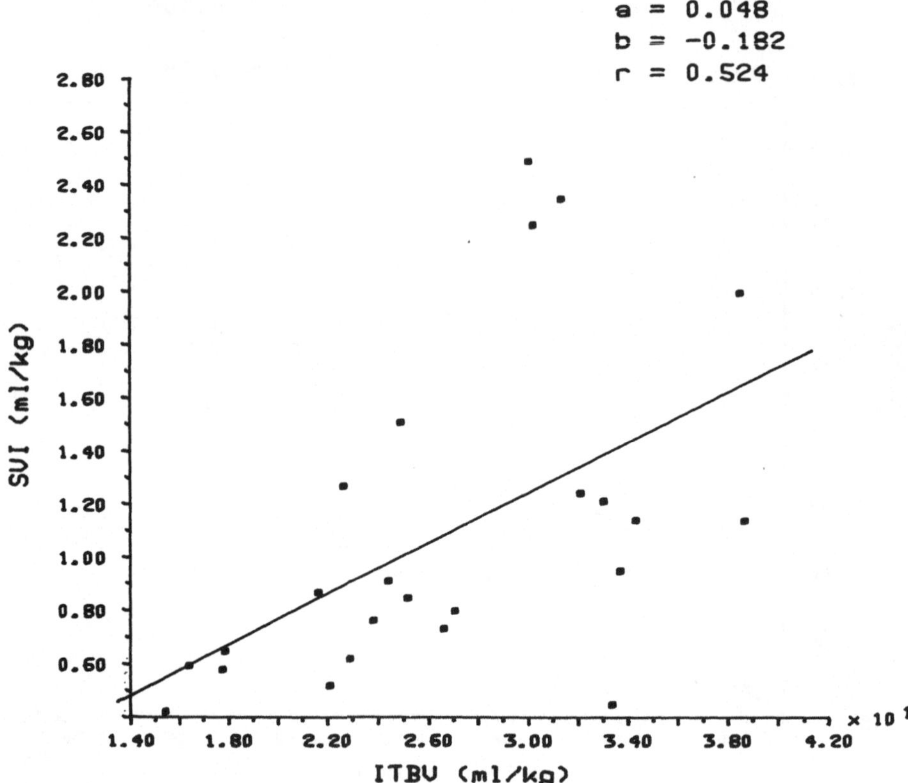

Abb. 26. PEEP-Regressionsanalyse zwischen ITBV und SVI nach Mikroembolie

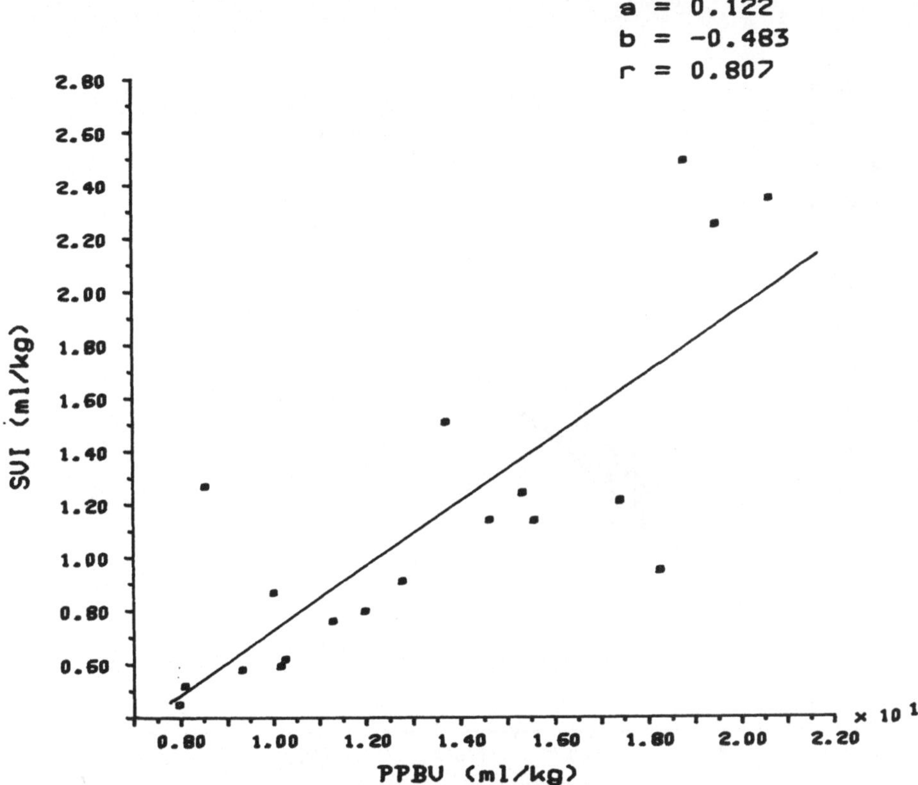

Abb. 27. PEEP-Regressionsanalyse zwischen PPBV und SVI nach Mikroembolie

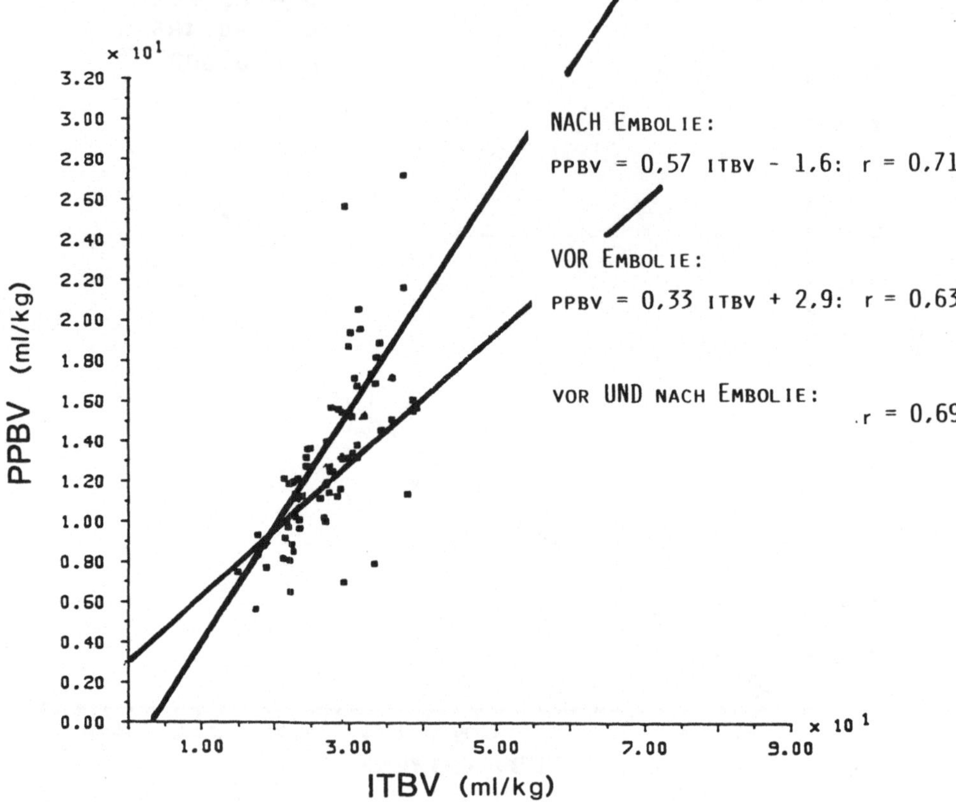

Abb. 28. PEEP-Darstellung der Regressionsgeraden zwischen ITBV und PPBV vor und nach Mikroembolie

D. Diskussion und Schlußfolgerungen

7 Volumenmessung, -regulation

7.1 Der ideale Leitparameter

Ein Parameter, der zur Regulation des Volumens geeignet ist, sollte idealerweise folgenden Forderungen genügen:

1) schnelle Verfügbarkeit,
2) einfache Meßmethodik,
3) ungefährliche Meßmethodik,
4) hohe Spezifität für das zu erfassende Substrat,
5) kontinuierliche Verfügbarkeit.

Alle 3 geprüften Leitparameter (CVP, PCWP, ITBV) sind exakt nur mittels invasiver Technik zu erfassen und können nur nach erfolgter Installation der entsprechenden Meßgeräte und -leitungen als schnell verfügbar bezeichnet werden. Der apparative Aufwand ist am größten für die ITBV-Messung, gefolgt von der PCWP- und schließlich der CVP-Messung. Nur der CVP kann kontinuierlich gemessen werden.

Die nachfolgende Diskussion beschäftigt sich demzufolge mit dem den Meßmethoden inhärenten Risiko und v. a. der Spezifität der Parameter für Volumenänderungen.

Für die hier zu diskutierende Verwendung jedweden Parameters im Rahmen der intensivmedizinischen Behandlung tritt nach Abwägung des Risikos v. a. die Forderung nach der Spezifität in den Vordergrund. Die Spezifität beinhaltet dabei zweierlei: zum einen den Grad der Beziehung zwischen Leitparameter und der physiologischen Funktion „Volumenregulation", zum anderen die Genauigkeit und Reproduzierbarkeit, mit denen die angewendete Meßmethodik das auszuwertende Substrat erfaßt.

7.2 Risiken der Messung von CVP, PCWP und ITBV

Natürlich sind die invasiven Techniken mit glücklicherweise seltenen Komplikationen behaftet. Darunter sind besonders hinsichtlich CVP-, PCWP- und ITBV-Messung anzuführen:

- Katheterinfektion bis zu Kathetersepsis [3, 10, 74, 134],
- Fehlplazierung oder Dislokation [59, 145],
- Knotenbildung [73, 130],
- Katheterbruch [44],
- Thromboembolie und Infarkt [54, 144].

Der Monitoringstandard der intensivmedizinischen Behandlung im Bereich der operativen Fachgebiete beinhaltet heutzutage die chronische Insertion eines zentralvenösen und eines arteriellen Katheters bei schwerstkranken Patienten [125, 138, 173, 188, 190]. Deshalb lassen sich die Messungen sowohl von CVP und PCWP als auch von ITBV hinsichtlich einer potentiellen Katheterinfektion nicht mehr unbedingt als zusätzliches Risiko werten.

Im automatischen Thermodilutionsinjektor des zur ITBV-Messung verwendeten COLD-Systems kommen sterile Einmalinjektionssets zur Verwendung. Mittels einer Peltier-Kühlung wird die vorbereitete ICG-Lösung (250 oder 500 ml) in dem geschlossenen System nahe 0 °C temperiert. Da nicht mehr für jede Indikatorinjektion eine neue Spritze verwendet wird, entfällt das lästige Abfüllen und Kühlen ganzer Batterien von Spritzen sowie die häufige Diskonnektion/Konnektion der zentralvenösen Leitung zum Ansetzen einer Indikatorspritze. Wichtiger als der Komfortgewinn ist jedoch, daß bei Verwendung dieses geschlossenen Injektatsystems die Wahrscheinlichkeit einer bakteriellen Kontamination sowohl des Injektas [124], als auch des zur Injektion benutzten Katheters [3] wesentlich geringer sein soll. So fanden Burke et al. [23] eine Verminderung der bakteriellen Kontamination der Thermodilutionsflüssigkeit von 29 auf 1,2%, nachdem sie ein geschlossenes Injektatsystem verwendeten. Bei der Risikobewertung muß auch bedacht werden, daß die üblichen Techniken zur Messung von CVP und PCWP die kontinuierliche und/oder intervallartige Spülung der Druckleitung mittels isotoner Kochsalzlösung erfordern und daß die ITBV-Messung die Injektion der ICG-Lösung notwendig macht. Spüllösung und ICG-Lösung können potentiell verunreinigt sein, zusätzlich kann ICG auch anaphylaktoide Nebenwirkungen bedingen. Immerhin fanden Hudson-Civetta et al. [90], daß 2% der Spüllösungen, 14% der Druckaufnehmerdome, 18% der Druckaufnehmermembranen und immerhin 24% der Lösungen, die zur Thermodilution verwendet wurden, bakteriell kontaminiert waren. Berichte über Unverträglichkeitsreaktionen nach Gabe von ICG sind in der Literatur nicht zu finden, können aber nicht mit absoluter Sicherheit ausgeschlossen werden.

7.3 Meßmethodisch und physiologisch determinierte Normbereiche

7.3.1 Genauigkeit der CVP- und PCWP-Messung

Bezogen auf unsere Leitparameter CVP, PCWP und ITBV, wurde der Frage der Spezifität in den Abschnitten über die Genauigkeit (6.1) und den Normbereich der Leitparameter (6.2) nachgegangen. Die Genauigkeit der Druckmessung wurde nicht speziell untersucht, da davon ausgegangen werden kann, daß der heutige Standard mit elektromechanischen oder vollelektronischen Druckaufnehmern und elektronischen Druckmeßverstärkern die Anforderungen erfüllt. Zum Beispiel hat sich die elektronische CVP-Messung mit analoger [32] oder digitaler Meßwertanzeige der konventionellen Wassermanometermethode als überlegen erwiesen [118], und sie war gleichwertig der zeitaufwendigeren, dem Forschungsbereich vorbehaltenen analytischen Auswertung von Schreiberaufzeichnungen [118, 202]. Insbesondere die heute verfügbaren Druckaufnehmer auf Mikrochipbasis [20] machen die Druckmessung zumindest seitens der Apparate wieder einen Schritt zuverlässiger. Dem ist entgegenzuhalten, daß auch eine überlegene Meßmethodik Fehlbedienung nicht ausschließt. Methodenspezifisch ist darunter eine Falschkalibrierung von elektronischen oder mechanischen Druckmeßsystemen bzw. die falsche Nullpunktlage zu verstehen. Nach Sampliner u. Pitluk [173] sind schon viele anatomische Bezugspunkte als Referenznullpunkt bei Erwachsenen genannt worden:

1) Ein Punkt 5 cm unterhalb des Angulus sterni,
2) die halbe Tiefe des Thorax,
3) der Angulus sterni selbst.

Der Autor selbst empfiehlt die 2. Variante. Kirsch u. v. Ameln [99] geben als Nullpunkt die Höhe des rechten Vorhofs an, der sich bei einem flach auf dem Rücken liegenden Menschen 2/5 des Thoraxdurchmessers unter dem Sternum befände. Hält man sich noch vor Augen, daß eine Abweichung der Nullpunktlage um 1,36 cm schon einen absoluten Meßfehler von 1 mm Hg in die CVP- oder PCWP-Messung einführt, so wird deutlich, daß die Absolutmessung der Drücke des kapazitiven Systems in Anbetracht der großen Variationsbreite der menschlichen Thoraxform sehr schwierig ist.

Bei unseren Untersuchungen konnten Kalibrierfehler ausgeschlossen werden, da die Druckmeßeinheiten laufend mit einem Quecksilbermanometer kontrolliert wurden. Auch die auf RA-Höhe eingeschätzte Nullpunktlage wurde des öfteren mittels Bildwandler überprüft und bei der engen Streuung der Thoraxgeometrie der Versuchstiere immer als korrekt bestätigt.

7.3.2 Physiologische Variabilität von CVP und PCWP bei IPPV

Die für den Hund unter IPPV-Beatmung festgestellten Normwerte von CVP mit 4,2 mm Hg ergeben unter Berücksichtigung der Variationskoeffizienten einen Normbereich für CVP von etwa 2–6,5 mm Hg (2,7–8,8 cm H_2O) und für PCWP von 4–9,5 mm Hg (5,4–12,9 cm H_2O). Diese Werte sind durchaus vergleichbar den Hundenormwerten anderer Untersucher [58], aber auch den humanen Normalwerten [188]. In den hier vorgelegten Untersuchungen wurde peinlichst genau darauf geachtet, den niedrigsten Druckwert in der Exspiration zu notieren; außerdem war die Art der Beatmung (IPPV mit ZEEP) vergleichbar. Die Spannweite der ermittelten Bereiche dürfte deshalb am wenigsten durch eine mangelnde Reproduzierbarkeit der jeweiligen Methode zur Druckmessung, sondern vielmehr durch die physiologische Variabilität von CVP und PCWP bedingt sein.

7.3.3 Genauigkeit der ITBV-Messung

Die bisher klinisch nicht etablierte Methode der Messung des intrathorakalen Blutvolumens bedurfte im Gegensatz zur meßtechnisch etablierten Druckmessung einer eingehenden meßmethodischen Analyse.

Wie anhand der hervorragenden Korrelation und der guten Regression mit einer Steigung von 1,14 abgelesen werden kann, ist die Lungenwassermessung mit dem COLD-System mehr als befriedigend genau (s. Abb. 7, S. 39). Dieses Ergebnis bedeutet zugleich, daß die ITBV-Messung als Nebenprodukt der ETV-Messung mindestens genauso exakt ist wie letztere. Darüber hinaus stellt sich die Reproduzierbarkeit der ITBV-Messung unter Verwendung der Thermo-dye-Technik mit einem Variationskoefizienten von 4,3% als sehr gut dar. Im Vergleich dazu geben Frostell et al. [58] am Hund und Hedenstierna et al. [85] am Menschen für die ältere Version des COLD-Systems höhere Variationskoeffizienten von jeweils 12% an. Zum einen wurde in beiden Arbeiten die Indikatorinjektion nicht atemphasengetriggert vorgenommen, zum anderen wurden die Variationskoeffizienten aus 3 [58] bzw. aus 4 Messungen [85] berechnet, wogegen in unserer Untersuchung 5 aufeinanderfolgende Messungen ausgewertet wurden, was zwangsläufig die Streuung reduziert.

Rolle der Indikatorinjektion: Die überlegenen Ergebnisse der ITBV-Bestimmung rechtfertigen den relativ großen technischen Aufwand mit u. a. maschineller, atmungsgetriggerter Indikatorinjektion.

Injektionsgeschwindigkeit und Durchmischung: Die kurze Injektionszeit der Maschine von etwa 1 s minimiert den drohenden Kälteverlust [128, 129, 205] und optimiert das Signal-Rausch-Verhältnis. Die Injektattemperatur wird während der Injektion direkt gemessen und an den Computer übergeben. Durch die Summe dieser Maßnahmen wird gewährleistet, daß ein Verlust des Indikators „Kälte" bei der Injektion [79, 101, 216] und eine daraus resultierende Fehlberechnung des zur Quantifizierung von ITBV benötigten Thermodiultions-HZV [149] vermieden wird.

Im Vergleich zur Handinjektion eines Indikators wird bei der 4fach schnelleren Maschineninjektion eine wesentlich bessere Durchmischung des Indikators erreicht – eine wesentliche Voraussetzung des Stewart-Hamilton-Formalismus zur Bestimmung von Flow und Volumina [127, 194, 221, 222]. Die Injektionsgeschwindigkeit von 10 ml/s durch das proximale Lumen eines 7 F-Swan-Ganz-Katheters entspricht einem Injektionsimpulsstrom in der Größenordnung von 10 ml/s/mm^2. Dieser Impulsstrom verursacht noch keine Hämolyse [55], liegt jedoch mit ausreichender sicherheit über dem von Solberg [194] geforderten Impulsstromverhältnis von $I_i/I_o = 15$ (I_i = Impulsstrom der Indikatorlösung, I_o = Impulsstrom des ungestörten Trägerstroms, hier Blutstrom am Injektionsort) und gewährleistet somit eine optimale Durchmischung des Indikators mit Blut. Damit wird die Indikatorverdünnung unabhängig von physiologischen Mischkammern, wie z. B. dem rechten Ventrikel [148].

Atemphasengetriggerte Injektion: Wie weit unten noch ausführlich erklärt wird, schwankt das Blutvolumen im Thorax mit der Atemphase. Die atemphasengetriggerte Injektion in der Exspiration bei Überdruckbeatmung stellt sicher, daß das Blutvolumen des rechten Vorhofs zum Zeitpunkt der Injektion maximal ist – daß also die Größe des resultierenden initialen Mischvolumens bei der Injektion nur durch I_i/I_o bedingt ist und nicht durch ein zu geringes Mischvolumen. Bei diesen Gegebenheiten kommt die Indikator-Blut-Durchmischung dem hypothetischen Modell einer idealen Mischkammer mit konstantem Mischvolumen nahe [194]. Da die Bestimmung des Indikatorverdünnungs-HZV in der A. pulmonalis von der Lage des Injektionszeitpunkts in der Atemphase abhängig ist, kann die Variabilität dieser Meßergebnisse durch atemphasengetriggerte Injektion deutlich reduziert werden [93, 153].

Indikatordetektion und Kurvenauswertung: Auch die Indikatordetektion und Kurvenauswertung wurde gegenüber früheren Verfahren wesentlich verbessert. Einen maßgeblichen Anteil an der Praktikabiltät der Thermo-dye-Methode zur ITBV-Messung hat die In-vivo-Detektion von ICG mittels eines Reflexionsphotometers und eines dafür selbst entworfenen arteriellen Fiberoptikkatheters [152]. Diese von Polanyi u. Hehir [161] erstmals beschriebene Technologie ermöglicht heute auch die zuverlässige Messung der O_2-Sättigung im fließenden Vollblut [9, 68, 206]. Vor Entwicklung der Reflexionsphotometrie wurde zur Messung der ICG-Konzentration Blut unter Heparinzufuhr kontinuierlich mittels einer Abziehpumpe durch eine extrakorporale Küvette abgezogen. Da pro Messung bis zu 60 ml Blut entzogen werden mußten, wurde dieses nach der Messung retransfundiert. Dieses Verfahren ist zeitaufwendig, außerdem ist der Patient den Risiken einer arteriellen Embolie durch Luft oder Thrombenbildung im abgezogenen Blut und einer möglichen bakteriellen Kontamination ausgesetzt. Methodisch bieten sich beim Blutabzugsverfahren Schwierigkeiten insofern, als die Farbstoffkurve durch den Abzugsvorgang zum einen zusätzlich verzögert, zum anderen ihre Form abgeflacht wird [71, 131, 141, 184]. Um diese Verzerrung, die zu einer Falschbestimmung von MTT_D und damit von ITBV führen würden, korrigieren zu können, wurden zahlreiche, teilweise sehr aufwendige Verfahren entwickelt [71, 146, 176, 185, 199, 221], von denen jedoch keines ohne Einschränkung anwendbar war. Die Fiberoptikdetektion von ICG ist nahezu trägheitslos, d.h. Farbstoffverdünnungskurven können verzerrungsfrei und ungedämpft registriert werden. Das Verfahren mißt die ICG-Konzentration linear bis zu mehr als 30 mg/l Blut [104], einem Wert, der bei der Thermo-dye-Verdünnungstechnik seltenst überschritten wird [152]. Im langjährigen Umgang mit der fiberoptischen Meßmethodik stellte sich heraus, daß die Lichtleiteigenschaften bei längerer Liegedauer (mehr als 2 Tage) abnehmen mit der Folge, daß die am Reflexionsphotometer für jeden Katheter speziell eingestellten Kalibrierwerte nicht mehr gültig waren. Sowohl die ICG- als auch die O_2-Messung sind von diesem Phänomen betroffen. Während eine Nachkalibrierung bei der O_2-Sättigungsmessung durch die leichte, externe Bestimmbarkeit der O_2-Sättigung mittels eines Oximeters keine Probleme bereitet, ist die Rejustierung der ICG-Messung bei im Patienten liegendem Katheter nicht durchführbar, weil es nicht möglich ist, an der Katheterspitze definierte ICG-Konzentrationen zu erzeugen. Dieser Nachteil wird durch die Kombination von Farbstoffverdünnung mit Kälteverdünnung umgangen. Da sich die Lichtleiteigenschaften erfahrungsgemäß nur bis zu etwa 50% verschlechtern, kann immer ein Farbstoffsignal ausreichender Amplitude registriert werden. Weil die Form der ICG-Kurve durch die Kalibrierung nicht beeinträchtigt wird und da sich die Konzentration des Indikators bei der Berechnung der MTT herauskürzt (s. Gl. 5, S. 17), kann aus der unkalibrierten ICG-Kurve die tatsächliche MTT_D ermittelt werden. Zur Berechnung des intravasalen Volumens muß MTT_D noch mit dem Herzzeitvolumen C.O. multipliziert werden. Das sowohl aus der Farbstoff- als auch aus der Thermodilution kalkulierbare C.O. muß identisch sein, vorausgesetzt, die Kalibrierung beider Systeme ist korrekt. Deshalb kann zur Berechnung des ITBV das zuverlässig meßbare arterielle Thermodilutions-C.O. herangezogen werden.

7.3.4 Physiologische Variabilität von ITBV

Als Normbereich des ITBV für Hunde läßt sich aus den angegebenen Variationskoeffizienten die Spanne zwischen 18,5 und 27,7 ml/kg ermitteln, der Normmittelwert liegt bei 23,1 ml/kg. Frostell et al. [58] ermittelten mit dem von uns entwickelten COLD-System für den Hund unter IPPV einen ITBV-Normwert von 18,5 ml/kg (in der Arbeit fälschlicherweise als „central blood volume" bezeichnet). Die Hunde-ITBV-Normwerte anderer Autoren liegen bei 22,6 [122] und 27,6 bzw. 19,8–23,4 ml/kg [136]. Der von Frostell et al. [58] angegebene Mittelwert erscheint uns relativ zu niedrig zu liegen und könnte auf einen leicht hypovolämischen Zustand hinweisen, doch eine Bewertung solcher Zahlen ist aufgrund von Differenzen innerhalb von Hunderassen, unterschiedlichen mittleren Körpergewichten (Frostell: 18,5 kg; eigene: 34,7 kg) und verschiedenen Anästhesiemethoden schwierig.

7.4 Spezifität von CVP, PCWP und ITBV für Volumenveränderungen

Der Wert eines Parameters zur Regulation des Blutvolumens ergibt sich in erster Linie aus seiner Sensitivität, Veränderungen des zirkulierenden Blutvolumens anzuzeigen. Die hier zu erhebende Forderung beinhaltet, daß die Sensivität unter allen Kriterien, welche die moderne Behandlung vorgibt, erhalten bleiben muß.

7.4.1 Sensitivität der Leitparameter für akute Hypovolämie

Die Versuche mit akutem Blutentzug wurden unter Anästhesie und kontrollierter Beatmung mit IPPV durchgeführt. Das sind die maßgeblichen intensivmedizinischen Kriterien, unter denen die als Akutparameter angesehenen Korrelate der rechts- und linksventrikulären „Füllungsdrücke" CVP und PCWP gegen ITBV zu prüfen waren.

Die Sensitivität von CVP und PCWP, den Blutentzug anzuzeigen, war im Einzelfall mit Korrelationskoeffizienten im Bereich von 0,78–0,92 durchaus gut. Die Steilheit der Regressionsgeraden, welche die Empfindlichkeit des Parameters angibt, schwankte jedoch bei CVP mit einem Unterschied von Faktor 5 zwischen 10 und nahezu 50 ml Blut/kg/mmHg, wogegen der Steilheitsbereich von 5–16 ml Blut/kg/mmHg beim PCWP nur Faktor 3 bedeutete und somit als sensitiver zu bezeichnen ist. In Anbetracht der Tatsache, daß das zirkulierende Blutvolumen beim Hund mit etwa 85 ml/kg (s. unten) angesetzt werden kann, bedeutet eine „Steilheit" von 50 ml Blut/kg/mmHg, daß in diesem Versuch praktisch keine Änderung des CVP bei Blutentzug zu beobachten war. Die individuellen Korrelationskoeffizienten für ITBV lagen zwischen 0,89 und 0,99, der Steilheitsbereich zwischen 2,8 und 3,8 ml Blut/kg/ml/kg und wies damit die geringste Streubreite mit lediglich Faktor 1,4 auf. Aufgrund der Ergebnisse in den Einzelversuchen mag es durchaus plausibel erscheinen, von den Quasifüllungsdrücken CVP und PCWP zumindest den PCWP noch als Volumenindikator geeignet zu bezeichnen. ITBV jedoch weist die geringste Streuung und die größte Empfindlichkeit auf.

Faßt man die Einzelversuchsdaten zusammen, so gibt die Steilheit dieser Regressionsgeraden an, mit welchem Blutverlust im Mittel gerechnet werden kann, damit der entsprechende Parameter sich um eine Meßeinheit ändert. Hier zeigt sich, daß der PCWP und noch weniger der CVP als interindividuell anwendbare Volumensteuerungsparameter geeignet sind, da deren interindividuelle Sensitivität von 16,3 und 43,1 ml Blut/kg/mmHg zur Akutdiagnose einer Hypovolämie bei Korrelationskoeffizienten von 0,47 und 0,29 zum entzogenen Blutvolumen nicht ausreicht. Lediglich ITBV weist mit einer Steilheit von 3,2 ml Blut/kg/ml ITBV/kg eine akzeptable interindividuell brauchbare Sensitivität auf.

Aus diesem Ergebnis läßt sich gleichzeitig entnehmen, daß das Verhältnis des mobilisierbaren Blutvolumens zu ITBV 3,2:1 beträgt. Mobilisierbar ist in erster Linie das Blutvolumen, das sich im Niederdruckkapazitätssystem befindet. Ein nahezu linearer Zusammenhang zwischen ITBV und TBV darf angenommen werden. Weil die Compliance des ITBV-Raums und des extrathorakalen kapazitiven Systems vergleichbar [39] ist, kann das arterielle System aufgrund seines geringen Volumens und seiner starren Struktur – nach Guyton et al. [77] mit ¹⁄₃₀–¹⁄₆₀ bzw. nach Gauer et al. [63] mit ¹⁄₂₀₀ der Compliance des kapazitiven Systems – als Konstante AV (arterielles Volumen) in die folgende Gleichung eingeführt werden:

$$TBV = 3{,}2 \cdot ITBV + AV$$

Das arterielle Volumen beträgt etwa 15% des normalen TBV. Unter Verwendung des ITBV-Normwertes von 23,1 ml/kg läßt sich für den Hund ein kapazititves – mobilisierbares – BV von 23,1·3,2 = 73,9 ml/kg errechnen. Da letzteres Volumen nur 85% von TV darstellt, ergibt sich TBV mit 86,9 ml/kg. Die Angaben für das TBV des Hundes in der Literatur schwanken erheblich. Wang et al. [209] geben 100 ml/kg an, Abel et al. [17] sogar 105 ml/kg und Chien et al [31] 75 ml/kg, wobei Abel et al. [1] das von ihnen gemessene TBV als etwas zu hoch betrachten. Unser Abschätzungsergebnis für TBV liegt damit eher realistisch in der Mitte.

Interindividuelle Aussagesicherheit bezüglich Hypovolämie: Die aus den Blutentzugsversuchen am beatmeten Hund berechneten Werte (Tabelle 2) zeigen deutlich, daß unter Zugrundelegung der im interindividuellen Vergleich ermittelten Sensitivität von CVP oder PCWP eine Entblutung des Tiers im Normbereich von

Tabelle 2. Interindividuelle Treffsicherheit der geprüften Leitparameter bezüglich einer Hypovolämie, aufgezeigt an Werten aus Blutentzugsversuchen am beatmeten Hund

		CVP [mm Hg]	PCWP [mm Hg]	ITBV [ml/kg]
Normwert		4,2	6,9	23,1
Normbereich		2,0–6,4	4,1–9,7	18,5–27,7
Normweite (NW)		4,4	5,6	9,2
Beste Sensitivität (individuell)	ml/kg/(Einheit)	10,1	5,0	2,8
Interindividuelle Sensitivität	ml/kg/(Einheit)	43,1	16,3	3,2
Schlechteste Sensitivität (individuell)	ml/kg/(Einheit)	49,2	16,6	3,9
BE_{min}/NW	ml/kg/(NW)	−44,4	−28,0	−25,7
BE_{mitt}/NW	ml/kg/(NW)	−189,6	−91,2	−29,4
BE_{max}/NW	ml/kg/(NW)	−216,4	−92,9	−35,8

Normbereich	Mittelwert ± Standardabweichung
Normweite (NW)	Spannweite des Normbereichs
BE_{min}/NW	minimal möglicher Blutentzug über NW, wenn der Ausgangswert die obere Grenze des Normbereichs darstellt
BE_{mitt}/NW	im Mittel (interindividuell) möglicher Blutentzug über NW, wenn der Ausgangswert die obere Grenze des Normbereichs darstellt
BE_{max}/NW	maximal möglicher Blutentzug über NW, wenn der Ausgangswert die obere Grenze des Normbereichs darstellt

CVP bzw. PCWP untergehen kann, wenn als Ausgangswert der obere Normbereichswert genommen wird.

Die individuellen Sensitivitäten des CVP und des PCWP auf Blutvolumenänderungen in Richtung Hypovolämie sind so verschieden, daß die aus der Grundgesamtheit berechnete parameterspezifische Veränderung im Rauschen des Normbereichs versinkt. Anders hingegen verhält sich ITBV: Die individuelle Sensitivität schwankt in wesentlich engeren Grenzen. Der maximale Interpretationsfehler aus einer einzigen Messung beim Hund kann für einen Meßwert von ITBV, der innerhalb des Normbereichs liegt, mit knapp 30 ml/kg oder 30% TBV angegeben werden. Mit ITBV steht somit ein Parameter zur Verfügung, aus dessen Größe interindividuell mit relativ großer Sicherheit auf den Volumenstatus nach akutem Blutverlust geschlossen werden kann.

Die Treffsicherheit wird zwangsläufig größer, wenn mehrere Parameter kombiniert werden, vorausgesetzt, es liegen keine Einschränkungen vor, die einen dabei verwendeten Parameter unabhängig vom Blutvolumen beeinflussen. Bei Beachtung dieser Eingangskriterien kann mit der Kombination von CVP, PCWP und ITBV eine präzise Blutvolumendiagnostik durchgeführt werden.

7.4.2 Spezifität von PCWP und ITBV bei kompensierter Hypovolämie

Protrahierte Schockzustände, die mit einer Hypovolämie einhergehen, führen zu einer Umverteilung des Blutflusses und auch des Blutvolumens, wobei die zentrale Perfusion der lebenswichtigen Organsysteme auf Kosten der peripheren Perfusion aufrechterhalten wird [30]. Der Organismus versucht die Hypovolämie zu kompensieren, indem durch hormonelle Regelvorgänge die Ausscheidung reduziert sowie Flüssigkeit aus dem Interstitium in den Kreislauf verschoben wird (s. Abb. 3, S. 14). Mit diesen Mitteln kann der Körper akute Blutverluste bis zu 25% des TBV kompensieren [30, 67]. Auch eine kompensierte Hypovolämie sollte von einem Leitparameter zur Volumenregulation zuverlässig angezeigt werden. Das zur Klärung dieser Fragestellung herangezogene Hämatommodell, von Erhardt [47–49] aus dem Blümels Traumamodell am Kaninchen [16] entwickkelt, wurde für den Hund übernommen [157]. Das Ausmaß des erzeugten perifemoralen Hämatoms entsprach laut früheren Untersuchungen von H.-G. Pfeiffer et al. [151] dem Hämatom der Femurtrümmerfraktur des Modells von Blümel [16]. Da das in das Hämatom „verlorene" Blut nicht ersetzt wurde, entstand dadurch zwangsläufig eine leichte Hypovolämie. Die Meßkatheterplazierung und die Erzeugung des Blutergusses waren unter sterilen Kautelen vorgenommen worden. Nach Erwachen aus der Narkose hatten die Versuchstiere freien Zugang zu Wasser. Wider Erwarten überlebten nur 9 der 16 Hunde das vorher von uns als „minimal trauma" [47] eingestufte Hämatom, ein Zeichen dafür, daß der Organismus des Hundes wesentlich sensibler auf das Trauma reagierte. Sämtliche Tiere entwickelten hämorrhagische Enteritiden, die – in den Augen des Untersuchers – bei den Verstorbenen wesentlich gravierender ausgeprägt waren. Diese Symptomatik bestätigt Aussagen von Zweifach [224], der beim Hund den Darm als Primäres Schockorgan bezeichnet.

Arterieller Druck und Herzeitvolumen waren leicht abgefallen, der Pulmonaldruck signifikant angestiegen und der Hämatokrit unverändert. Da der PCWP nahezu gleich blieb, konnte der hypovolämische Zustand nur mittels indirekter Zeichen anhand der immens gestiegenen $D_{av}O_2$ der deutlich gefallenen $S_{\bar{v}}O_2$ und des erhöhten Laktatspiegels bestätigt werden. Als einziger der direkt volumenbezogenen Parameter zeigte ITBV einen signifikanten Abfall um 37% vom Kontrollwert von 32,3 ml/kg. Der ITBV-Kontrollwert liegt um 9 ml/kg über dem mittleren Normwert unter kontrollierter Beatmung, was auf die hier zum Einsatz gekommene assistierte Beatmung zurückzuführen ist. Die Erklärung dafür wird im Abschnitt „Intrathorakale Veränderungen infolge der mechanischen Beatmung" (7.4.3) gegeben.

Da der PCWP in dieser Untersuchung trotz einer Hypovolämie, die mittels ITBV zweifelsfrei festgestellt werden konnte, nicht abgefallen war, müssen sich eine oder mehrere den PCWP beeinflussende Größen gegensinnig ausgewirkt haben. Wie in Abschn. 1.3 schon aus einer Arbeit von Jacobson [92] zitiert wurde, kommen hierfür der intrathorakale Druck (ITP), die myokardiale Kontraktilität und der Tonus des Niederdrucksystems in Frage.

Der ITP wird, wie später eingehend erläutert, maßgeblich durch die Art der Atmung oder Beatmung bestimmt. Da die Beatmung bei den 2 Untersuchungspunkten der Hämatomstudie unverändert war, kann eine Veränderung des ITP als Ursache der fehlenden Veränderung des PCWP ausgeschlossen werden.

Erhardt [47] und Erhardt et al. [48] konnten in den grundlegenden Hämatomuntersuchungen aus venösem Blut, das aus dem Hämatomgebiet stammte, eine Peptidfraktion einkreisen, die den venösen Druck bei gesunden Tieren intermittierend ansteigen ließ. Verantwortlich dafür kann das aktivierte Komplement C5 mit einem MG von 7000–20000 sein, wie Untersuchungen von Craddock et al. [33, 34] zeigten. Leider kann aus diesen Untersuchungen nicht differenziert werden, ob die Ursache des CVP-Anstiegs in einer Abnahme der Kontraktilität, in einer Zunahme des Venomotorentonus oder in beidem zu finden ist. In der Hämatomstudie am Hund war es aus technischen Gründen nicht möglich, die myokardiale Kontraktilität zu erfassen, so daß die Frage einer Veränderung der Kontraktilität direkt nicht geklärt werden konnte. Letztlich müssen eine Vielzahl von Mechanismen in Betracht gezogen werden, die im hämorrhagisch-traumatischen, aber auch septischen Schock sowohl den Venomotorentonus erhöhen als auch die myokardiale Kontraktilität reduzieren [111] können. Stellvertretend für viele Mediatoren sei hier nur auf den bis heute nicht eindeutig identifizieren „myocardial depressant factor" (MDF) bzw. auf MDF-assoziierte Faktoren hingewiesen [27, 70, 110].

Die Volumen-Druck-Beziehung aller funktionelle abgrenzbaren Gefäßgebiete ist nichtlinear [82]. Aus Untersuchungen von Morris et al. [133] an Venen und von Payne et al. [150] an linken Atria kann extrapoliert werden, daß das kapazitive System im Bereich von Transmuraldrücken von 0–5 mmHg eine extrem hohe Compliance besitzt, die mit darüber hinaus ansteigendem TMP zusehens geringer wird.

Erstellt man ein Volumen-Druck-Diagramm für das intrathorakale Kapazitätssystem unter Verwendung von ITBV und PCWP vor und nach Hämatom,

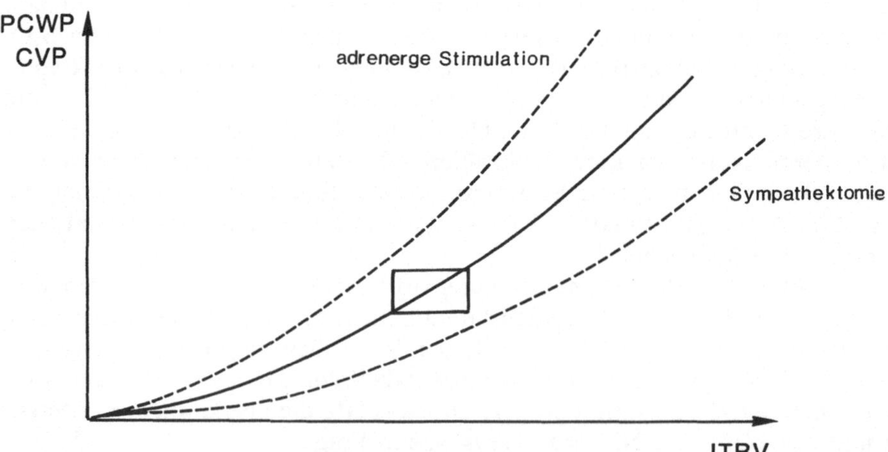

Abb. 29. Schema der Druck-Volumen-Beziehung des intrathorakalen Gefäßsystems. Das Rechteck stellt den Normbereich dar. Eine Verschiebung der Compliancekurve kann durch adrenerge Stimulation oder durch Sympathektomie erfolgen

zeigt sich eine reine Linksverschiebung infolge der protrahierten Hypovolämie (s. Abb. 9, S. 41). Dieser Befund bei gleichzeitig erniedrigtem C.O. ist laut neuerer, dynamischer Betrachtungen des Herz-Kreislauf-Systems [77] nur mit einer Kontraktilitätsverminderung vereinbar. Ob sich zusätzlich die Compliance des kapazitiven Systems durch Verstellung des Venomotorentonus geändert hat, kann aus den Daten der vorliegenden Untersuchung nicht geschlossen werden. Da die Plasmakonzentration von Noradrenalin im Rahmen der Kompensation von hypovolämischen Schockzuständen stark ansteigt, ist aufgrund von Untersuchungen von Rutlen et al. [171] zu erwarten, daß die Kapazität des Niederdrucksystems durch eine noradrenalininduzierte, offensichtlich β-adrenerg vermittelte Zunahme des Venomotorentonus geringer wurde (s. auch Abb. 29).

7.4.3 Intrathorakale Veränderungen infolge Beatmung

Transmuraler Druck als Determinator des Gefäßvolumens: Der im intrathorakalen Niederdruckgefäßsystems gegen Atmosphäre meßbare Druck ist eine Funktion des intrathorakelen Drucks ITP. „Intrathorakaler Druck" ist eine sehr unspezifische Bezeichnung. Man versteht darunter quasi den Druck der außerhalb der intrathorakalen Blutgefäße perivaskulär besteht. Dieser perivaskuläre und damit extravasomural (außerhalb der Gefäßwand) intrathorakal meßbare Druck ist örtlich verschieden. Er wird im Mediastinum höher bestimmt als lateral im sog. Donders-Raum [217]; ein brauchbarer Durchschnittswert kann durch Registrierung des Ösophagusdrucks erhalten werden.

Entscheidend für den Dehnungszustand eines schlaffen Gefäßes mit großer Compliance ist die Differenz von Intravasal- (IVP) und Perivasaldruck, der im Thorax dem ITP gleichzusetzen ist. Diese Differenz wird als Transmuraldruck TMP bezeichnet:

$$\text{TMP} = e \, (\text{IVP-ITP}),$$

wobei e = Elastizitätskoeffizient (e = 1 für ein schlaffes Gefäß, e = 0 für ein starres Rohr).

Die üblicherweise gebrauchte Differenz IVP-ITP kann nur eine Abschätzung des tatsächlich im Gefäß wirksamen Distensionsdrucks TMP darstellen, da die einer Formveränderung entgegenwirkende Steifigkeit $1/e$ der Gefäßwand unberücksichtigt bleibt. Die Steifigkeit des Niederdrucksystems ist jedoch so gering [133], daß man bei der Abschätzung des TMP sehr gute Näherungswerte für die realen Druckverhältnisse erhält.

ITP ändert sich physiologisch mit der Atemphase: Die inspiratorische Vergrößerung des Thorax durch die Atemmuskulatur bei Spontanatmung läßt den ITP bis auf Werte von -5 mmHg abfallen; umgekehrt steigt er während passiver Exspiration bis auf $+2$ mmHg an. Aktive Exspiration oder Pressen kann den ITP um ein Zigfaches steigen lassen.

Die mechanische Beatmung ist inzwischen eine Standardbehandlungsmethode der modernen Intensivmedizin. Alle heute im Bereich der Intensivmedizin gebräuchlichen Beatmungsgeräte stützen oder ersetzen die Spontanatmung durch Erzeugung eines entweder intermittierend oder kontinuierlich applizierten positiven Drucks in den Atemwegen, was ein aktives Blähen der Lunge bedeutet. In Abhängigkeit vom Atemwegsdruck und der Compliance nimmt die Lunge an Volumen zu. Diese Blähung verursacht einen Anstieg des intrathorakalen Drucks ITP, wodurch die Ausdehnung des Thorax und die Kaudalbewegung des Zwerchfells bewirkt wird.

Einfluß von Spontanatmung vs. Beatmung mittels intermittierend positivem Atemwegsdruck: Der Unterschied des Ansatzpunkts der Atemmotorik bei Spontanatmung oder maschineller Beatmung zeigt sich also im ITP. Im Mittel findet man bei Spontanatmung einen negativen ITP, wogegen der mittlere ITP bei Beatmung positiv ist. Diese Tatsache spiegelt sich in den hämodynamischen Werten wider. Spontanatmende Schweine wiesen ein um nahezu 22% signifikant höheres ITBV auf als mit IPPV beatmete, relaxierte Tiere. Gleichzeitig fand sich in der spontanatmenden Gruppe ein etwa 30% höherer C.I., ein niedrigerer CVP und PCWP.

In Anbetracht der Tatsache, daß die beatmete (IPPV-)Gruppe anästhesiert war, die spontanatmende Gruppe jedoch nicht, könnte der niedrigere C.I. der IPPV-Gruppe auch mit einer kardiodepressiven Wirkung des Anästhetikums in Verbindung gebracht werden. Die von uns kontinuierlich i.v. applizierte Ketaminmonoanästhesie wurde in umfangreichen Sepsisuntersuchungen mit anderen Anästhetika verglichen und als kreislaufneutral eingestuft [158]. Die Untersuchungen in der IPPV-Gruppe wurden nach mehrstündiger Präparation vorgenommen. Zur Substitution von Flüssigkeitsverlusten aus den zur Katheterplazierung notwendigen Inzisionen wurden während der durchschnittlich 3stündigen Präparationszeit etwa 25 ml/kg Ringer-Laktat infundiert. Da der Blutverlust während der Präparationsphase unerheblich war, gehen wir davon aus, daß das zirkulierende Blutvolumen in beiden Gruppen vergleichbar war und das unterschiedliche ITBV zwischen IPPV- und Spontanatmungsgruppe ein Effekt des Anstiegs des ITP unter Überdruckbeatmung ist.

Der positive ITP führt zu einer Kompression des Niederdrucksystems und läßt den absolut gegen Atmosphäre meßbaren CVP und PCWP ansteigen. Das reduzierte ITBV weist darauf hin, daß sich ein neues Gleichgewicht mit geringerem TMP eingestellt hat und deswegen dem Herzen weniger Volumen zur Verfügung gestellt wird, was aufgrund des Frank-Starling-Mechanismus [14, 77] ein niedrigeres Schlagvolumen zur Folge hat. Demzufolge findet sich auch eine Korrelation (r = 0,67) zwischen ITBV und dem Schlagvolumenindex (s. Abb. 24, S. 56). Immerhin zeigte sich mit einem Korrelationskoeffizienten von r = 0,51 auch ein gewisser Zusammenhang zwischen ITBV und C.I. Erwartungsgemäß fand sich keine Korrelation zwischen ITBV und CVP oder PCWP. Dieser einfache Vergleich führt vor Augen, daß die Füllungsparameter CVP und PCWP schon bei relativ kleinen Veränderungen des ITP, wie bei der Umstellung von Spontanatmung auf IPPV, als akute Volumensteuerungsgrößen nicht mehr brauchbar sind. Ein Rückschluß aus Veränderungen von CVP und PCWP bezüglich des vor Ort vorhandenen Füllvolumens bei der Umstellung von Spontanatmung auf IPPV würde ein vollkommen falsches Bild vorspiegeln. In diesem Licht müssen

Tabelle 3. Intrathorakale Gas- und Flüssigkeitsvolumenveränderungen durch Umstellung von Spontanatmung auf maschinelle Beatmung. Mittelwerte ± Standardabweichung, *signifikante Veränderung. (Nach Hedenstierna et al. [85])

	n	C.O. [l/min]	HR [l/min]	CVP [mm Hg]	PCWP [mm Hg]	ITBV [ml]	SV[a] [ml]
Wach	6	6,35±0,70	76±3	6,5±1,4	7,8±1,2	1700±130	83,5
Beatmet	6	4,38±0,47	72±2	5,5±1,1	7,4±1,1	1410±120	60,8
Δ [%]		−32%*	−6%	−16%	−6%	−18%	−29%

[a] Nicht angegeben, abgeschätzt aus C.O. und HR.

auch die Ergebnisse von Henry et al. [87] gesehen werden, die bei bis zu 30% Blutentzug negative CVP- und LAP-Werte bei spontanatmenden Hunden fanden (s. Abb. 1, S. 6). Im Gegensatz dazu konnten wir in keinem Versuch am IPPV-beatmeten Hund negative CVP- oder PCWP-Werte finden.

Hedenstierna et al. [85] haben unlängst eine Humanstudie über intrathorakale Gas- und Flüssigkeitsvolumenveränderungen durch Umstellung von Spontanatmung auf maschinelle Beatmung veröffentlicht. Für uns von Interesse ist dabei die Veränderung der hämodynamischen Parameter sowie des ITBV. Die Messungen erfolgten im Wachzustand bei exspiratorischer Apnoe und nach Einleitung einer Halothananästhesie, Muskelrelaxierung und IPPV-Beatmung (Tabelle 3).

In dem von uns durchgeführten Vergleich beobachteten wir im Vergleich zu IPPV signifikant geringere CVP- und PCWP-Werte unter Spontanatmung. Im Gegensatz zu unserer Untersuchung an Schweinen wurden die humanen Wachwerte während einer Apnoephase endexspiratorisch gemessen. Infolge des Fehlens der Spontanatmungsaktivität, die den mittleren ITP negativer werden ließe, liegen deshalb CVP und PCWP höher. Hingegen wurden die Messungen unter Beatmung – wie in unserer Untersuchung – bei ununterbrochener IPPV-Beatmung durchgeführt. Dieser Unterschied im Versuchsansatz erklärt, warum in obiger Humanstudie keine Zunahme von CVP und PCWP durch den beatmungsbedingten ITP-Anstieg gefunden wurde. Doch auch bei Hedenstierna et al. ist ITBV der einzige, direkt blutvolumenbezogene Parameter, der die Volumenverschiebung nach extrathorakal anzeigt. Da sich negativ-inotrope Effekte der Halothananästhesie auf die beatmungsbedingten Hämodynamikveränderungen aufpflanzen, können die C.O.- und SV-Abnahme nicht allein auf die ITBV-Abnahme zurückgeführt werden. Wie aus der Regressionsanalyse zwischen ITBV und SVI am Schwein (Abb. 15, S. 47) hervorgeht, besteht ein linearer Zusammenhang zwischen beiden Parametern. Deswegen muß das SV um mindestens denselben Betrag abnehmen wie ITBV, d.h. zumindest ⅔ der SV-Abnahme in obiger Humanstudie von Hedenstierna et al. [85] gehen auf das Konto der ITBV-Abnahme.

Assistierte Beatmung: Die Hunde der Hämatomversuchsreihe wiesen unter assistierter ZEEP-Beatmung mit 32 ml/kg ein um nahezu 9 ml/kg über dem Normwert unter IPPV liegendes ITBV auf. In dieser Untersuchung war die Triggerschwelle am Respirator, die eine Inspiration auslöst, bei -3 cm H_2O eingestellt. Nach Unterschreiten dieser Schwelle wird bei dieser Beatmungsform ein konstantes Atemzugvolumen in den Thorax gepumpt. Das Atemzugvolumen betrug in unseren Untersuchungen am Hund regelmäßig 12 ml/kg.

Untersuchungen des ITBV an spontanatmenden Hunden liegen nicht vor, doch subjektiv scheint der ITBV-Wert von 32 ml/kg übernormal angesiedelt. Auch aus der spärlichen Literatur lassen sich keine Normalwerte für den spontanatmenden Hund entnehmen. Denkbar wäre, daß der mittlere Atemwegsdruck und ergo ITP bei der gewählten Respiratoreinstellung zur assistierten Beatmung negativer waren als unter reiner Spontanatmung und daß dadurch auch TMP und als Konsequenz ITBV höher lagen als unter Spontanatmung.

Beatmung mit positiv endexspiratorischem Atemwegsdruck: Noch eindrucksvoller stellt sich der Effekt eines ITP-Anstiegs dar, wenn größere Änderungen des ITP durch PEEP-Beatmung vorgenommen werden. Die von uns durchgeführte PEEP-Untersuchung bestand aus 2 PEEP-Zyklen: Der 1. war unter normovolämischen Bedingungen, der 2. nach Erzeugung eines Lungenschadens bei gleichzeitiger Katecholamin- und Volumengabe durchgeführt worden.

PEEP bei gesunder Lunge: Vor Manifestation des Lungenschadens in unserer Untersuchung zeigt sich auch hier im gegen Atmosphäre gemessenen PCWP ein deutlicher Anstieg bei gleichzeitiger Abnahme von ITBV. Die als Folge der ITBV-Reduktion geringere Ventrikelfüllung hat einen schon bei kleinen PEEP-Stufen signifikanten Abfall des SVI zur Folge. Signifikante Korrelationen zwischen ITBV und SVI mit $r = 0,63$ (Abb. 24, S. 52), sowie zwischen PPBV, dem hier mitgemessenen präpulmonalen Blutvolumen, und SVI mit $r = 0,69$ (Abb. 25, S. 53) bestätigen die Abhängigkeit des Schlagvolumens vom jeweiligen Volumen, wobei PPBV das Preload für den RV und ITBV das Preload für beide Ventrikel umfaßt. Der Abfall des C.I. fällt prozentual geringer aus als der des SVI, da kompensatorisch die Herzfrequenz gesteigert wird. Die Abnahme der LV-Füllung spiegelt sich auch in der Abnahme der linksventrikulären Kontraktilität wieder. $LVdp/dt_{max}$ ist zur Beurteilung der myokardialen Kontraktilität nur bei gleichzeitiger Betrachtung von Frequenz, Pre- und Afterload sowie Diskussion der myokardialen Inotropie anwendbar [14, 77]. Bei konstantem inotropem Status verursachen gleichgerichtete Frequenz-, Preload- und in geringerem Maß auch Afterloadveränderungen gleichsinnige Veränderungen von $LVdp/dt_{max}$. Mit Zunahme des PEEP stieg zwar die Frequenz an, was isoliert betrachtet einen Anstieg der Kontraktilität bedeutet hätte, $LVdp/dt_{max}$ fiel jedoch deutlich ab, was nicht durch die leichte Afterloadabnahme erklärt werden kann. Prewitt u. Wood [164] und andere [116, 119, 163] beschrieben, daß die LV-Funktion unter PEEP noch durch andere Mechanismen als durch eine Preloadabnahme eingeschränkt sei, und Grindlinger et al. [75] meinten sogar, negativ-inotrop wirksame Substanzen im Plasma unter PEEP nachgewiesen zu haben. Jüngere Arbeiten demonstrieren jedoch, daß die Einschränkung der LV-Funktion unter PEEP weitgehend durch die Abnahme des Preload erklärt werden kann [25, 51, 84, 120, 121, 166, 180, 215]. Gegensätzliche Ergebnisse früherer Untersuchungen sind damit zu erklären, daß aus transmural gemessenen Drücken auf das effektive Preload geschlossen worden war. Brown et al. [21] und Calvin et al. [25] zeigten, daß v. a. bei geringeren PEEP-Stufen aus den Transmuraldrücken nicht auf das tatsächliche Füllungsvolumen geschlossen werden kann. Die Aussagekraft des Transmuraldrucks ist noch geringer, wenn der PCWP als „Korrelat" des linken Vorhofdrucks bei hypovolämischen Zuständen in der Berechnung, oder besser Abschätzung, des linksatrialen TMP verwendet wird [100, 175, 178, 180, 218].

Der mittels Swan-Ganz-Katheter gemessene Okklusionsdruck korreliert mit dem linken Vorhofdruck, wenn das Prinzip der kommunizierenden Röhren gilt. Folglich muß eine Flüssigkeitssäule den Druck im linken Vorhof auf die externe Druckaufnehmermembran übertragen. Die Druckübertragung kann nur die richtigen Werte liefern, wenn das „Röhrensystem" ausschließlich mit dem zu messenden Kompartiment kommuniziert und wenn die Flüssigkeitsmeßleitung nicht unterbrochen wird. Die Flüssigkeitsmeßleitung besteht aus dem externen Druckschlauch, dem Katheter und letztlich der pulmonalen Strombahn. Die Ausschließlichkeit der Kommunikation des pulmonalen Röhrensystems mit dem LA ist durch den strukturellen Aufbau der Lunge gegeben. Infolge des streng hierarchischen Gefäßaufbaus in den Lungensegmenten gibt es keine anatomischen Shunts oder Verbindungen zu anderen Gefäßgebieten. Deshalb reflektiert der nach einer regionalen Flußunterbrechung in einem Pulmonalarterienast gemessene Druck den Druck, der flußabwärts nach der Lunge vorliegt. Die pulmonale Strombahn besteht jedoch aus elastischen, kollabierbaren und komprimierbaren Gefäßen. Wurde die Pulmonaliskatheterspitze nun durch Aufblasen des Ballons in einen Pulmonalarterienast geschwemmt, dessen strömungsabwärts liegendes Gefäßgebiet z. B. mit dem Anstieg des Alveolardrucks durch die Inspiration des Beatmungsgeräts komprimiert wird, so wird die kommunizierende Röhre unterbrochen. Die Korrektheit des gewonnenen Drucks als Korrelat zu LAP ist also abhängig vom intravasalen (p_{mv}) und perivasalen Druck (p_{pmv}) in den Mikrogefäßen des betreffenden Lungensegments. Der perivasale Druck in den Lungenkapillaren ist ein Resultat des Alveolar- (p_{alv}) und des interstitiellen Druckes (p_{is}).

PCWP entspricht LAP, wenn gilt:

$$p_{mv} > p_{pmv} \text{ bzw. } p_{mv} > (p_{is} + p_{alv})$$

Es lassen sich viele Kombinationen demonstrieren, unter denen obige Voraussetzung nicht mehr gilt [88, 100, 116, 143, 192, 201, 207, 218]. Bereits 1976 haben Humphrey et al. [91] berichtet, daß in einer relativ großen Patientenpopulation lediglich ein Korrelationskoeffizient vor $r = 0{,}63$ zwischen LAP und PCWP bestand.

Heute besteht Einigkeit, daß PCWP-Messungen vor allem bei Hypovolämie und unter PEEP-Beatmung nicht mit LAP korrelieren [66, 183]. Deshalb sind Methoden vorgeschlagen worden, wie angesichts der notwendigen PEEP-Beatmung ein korrekter PCWP gemessen werden könnte. Unter anderem sollte

1) der Ösophagusdruck vom PCWP abgezogen werden [168],
2) durch ein elektronisches Zusatzgerät der PCWP über mehrere Atemzyklen gemittelt werden [41],

3) der PCWP am Ende der Exspiration am besten aus einer graphischen Registrierung von Beatmungsdruck und Pulmonaldruck abgelesen werden [12, 15, 35, 142, 143], und

4) PEEP für eine mehr oder minder „kurze" Zeit zur PCWP-Messung unterbrochen werden [37, 66, 83].

Die Aussagekraft der mit den Methoden 1)–3) gewonnenen Ergebnisse ist aufgrund der oben genannten Zusammenhänge, insbesondere wegen der nicht abschätzbaren Komponente ITP, nach wie vor gering. Besonders abzulehnen ist die 4. Methode, da, wie Weisman et al. [210] klar konstatieren, die Verminderung des PEEP die Hämodynamik und v. a. die Oxygenierung [169, 210] des Patienten in gefährlichster Weise destabilisieren kann. Abgesehen davon muß hinterfragt werden, welche Aussagekraft ein ohne PEEP-Beatmung ermittelter, mit dem LAP gut übereinstimmender PCWP hat, wenn der Patient während der restlichen Zeit mit PEEP und all dessen hämodynamischen Konsequenzen [165] behandelt wird. Und obwohl Schuster [182] unlängst daraufhinweist, daß die erhaltenen PCWP-Werte unter der kritischen Betrachtung der Gesamtsituation interpretiert und auf ihre Plausibilität hin beurteilt werden müssen, bleibt doch die Frage offen, ob die PCWP-Messung bei beatmeten Patienten nicht eher in die Irre als ans richtige Ziel führen kann. Somit gibt letztlich nur die direkte Volumenmessung von ITBV Aufschluß über die wahre Volumensituation.

PEEP bei geschädigter Lunge: In einer früheren Untersuchung mit dem hier angewandten Mikroemboliemodell [155] hatte sich gezeigt, daß das extravasale Lungenwasser schon nach 2 Stunden signifikant angestiegen war. Das Studienprotokoll der zitierten Untersuchung hatte eine wesentlich geringere Volumenzufuhr vorgesehen als bei der jetzigen PEEP-Versuchsreihe. Eine später vorgenommene Beurteilung der Ergebnisse dieser Studie ließ den Eindruck entstehen, daß v. a. initial nach Thromboembolisierung der Pulmonalstrombahn zu wenig Volumen gegeben worden war. Zudem waren die Tiere dieser Versuchsreihe nur mit IPPV beatmet worden. Eine Beatmung mit höheren PEEP-Stufen war jedoch ohne zusätzliche Katecholamingabe gar nicht möglich. Deswegen wurde in dieser PEEP-Untersuchung initial eine Volumenladung verabreicht und gleichzeitig eine Katecholamininfusion gestartet. Betrachtet man die Veränderungen nach der Mikroembolie, so fällt auf, daß durch PEEP weder die Mittelwerte von ITBV noch PPBV entscheidend beeinträchtigt werden, daß aber die Streuung – beurteilt anhand des Standardfehlers – erheblich zugenommen hat. Es kann jedoch nicht ohne weiteres vermutet werden, daß der Abfall des Schlagvolumens und des Herzzeitvolumens mit zunehmendem PEEP andere Gründe hat als zuvor. Es findet sich nämlich nach der Schädigung und unter Volumen- und Katecholamingabe im Vergleich zum Zyklus vor Mikroembolie mit $r = 0{,}81$ eine bessere Korrelation zwischen PPBV und SVI (Abb. 27, S. 55), ITBV hingegen weist nur noch einen Korrelationskoeffizienten von $r = 0{,}52$ zu SVI (Abb. 26, S. 54) auf. Schon aus dieser Veränderung der vor Schädigung ähnlichen Korrelationskoeffizienten kann geschlossen werden, daß der RV nun zum primären Determinator des Schlagvolumens wird. Betrachtet man die Steigungen a der Regressionsanalysen vor und nach Mikroembolie von PPBV/SVI, fällt auf, daß a um etwa 20% zugenommen hat, was bedeutet, daß ein höheres PPBV und damit höheres Preload zur Erzielung des gleichen Schlagvolumens benötigt wird. Dieser Befund kann mit einer RV-Insuffizienz erklärt werden.

Eine Mitursache hierfür kann im durch die Mikroembolie erheblich erhöhten pulmonalen Gefäßwiderstand liegen. Eine RV-Überlastung läßt sich auch aus der Verschiebung der PPBV-ITBV-Relation infolge der Mikroembolie ableiten (Abb. 28, S. 56). Diese Relation ergibt sich als Steigung a der Regressionsgeraden bei der Analyse von ITBV gegen PPBV. Der derart abgeschätzte PPBV-Anteil betrug vor Mikroembolie etwa ein Drittel (a = 0,33) des gesamten intrathorakalen Blutvolumens und nahm auf über die Hälfte (a = 0,57) nach Mikroembolie zu. Seit einiger Zeit wird auch ein „Lung-stretch-vasodepressor"-Reflex diskutiert [29, 180], der vor allem bei hohem PEEP und Hypervolämie auftreten und zu einem HZV- und MAP-Abfall führen soll. Ursache des HZV-Abfalls ist ein im Vergleich zur Preloadabnahme überproportionaler Rückgang des Schlagvolumens möglicherweise durch Veränderung der Kontraktilität. Aufgrund der in unseren Versuchen durch α-adrenerge Stimulation gesteigerten und durch PEEP unbeeinflußten LV-Kontraktilität scheidet der LV als Ursache der Schlagvolumenreduktion in dieser Untersuchung aus. Dieser Befund deckt sich mit den Aussagen von Calvin et al. [25] sowie Viquerat et al. [203], die bei Lungenödem- und ARDS-Patienten ebenso keine Veränderung der LV-Kontraktilität fanden.

Unsere Befunde sprechen klar für eine mikroembolieinduzierte und durch PEEP verstärkte Beeinträchtigung der RV-Funktion. Eine Wirksamkeit des oben genannten „Lung-stretch-vasodepressor"-Reflexes scheidet aus. Eine solche RV-Beeinträchtigung könnte infolge einer Kompression des RV und konsekutiven Verschiebung des interventrikulären Septums durch die bei Blähung in ihrer geometrischen Form veränderte, geschädigte Lunge entstehen [29, 94, 107]. Diese Conclusio wird unterstrichen durch die Untersuchungen von Robertson et al. [170], die eine erhebliche Minderperfusion des RV-Myokards unter PEEP demonstrierten, und auch die Ergebnisse von Vlahakes et al. [204] und Sibbald et al. [189] lassen sich in dieser Richtung interpretieren. Weitere Versuche mit simultaner Erfassung der RV-Auswurffraktion können helfen, diese Mechanismen aufzuklären.

7.5 Klinische Relevanz der ITBV-Bestimmung

7.5.1 Übertragbarkeit der Versuchsergebnisse auf den Menschen

Für das normale ITBV des flach auf dem Rücken liegenden, spontanatmenden Erwachsenen geben verschiedene Autoren [42, 85, 115, 188] einen Bereich von 1300–2000 ml bzw. 660–1000 ml/m² an. Die relativ große Streuung ist auf verschiedene, teilweise sehr kritisch zu bewertende Meß- und Auswertungsmethoden zurückzuführen. Leider haben Hedenstierna et al. [85] die mit dem COLD-System gemessenen ITBV-Normwerte (1700 ± 320 ml) nicht auf die Körperoberfläche bzw. das Körpergewicht bezogen, so daß hierfür bis jetzt keine genaueren Normwerte vorliegen.

Tabelle 4. Variationskoeffizienten der Messungen von Hedenstierna et al. [85] und London et al. [114]

Quelle	Kriterien	CVP [%]	PCWP [%]	ITBV [%]	n
[85]	Wach, Apnoe	52	37	18	6
[85]	IPPV	49	36	20	6
[115]	Wach, Spontanatmung	85		7	9

In der Literatur wurden nur 3 Arbeiten gefunden, wo am gesunden Menschen simultan CVP und/oder PCWP und ITBV bestimmt worden sind [85, 114, 115]. Aus den angegebenen Mittelwerten und Standardfehlern in 2 der Arbeiten [85, 115] lassen sich die Standardabweichungen und damit die interindividuellen Variationskoeffizienten zurückrechnen (Tabelle 4).

Wenn auch in diesen Arbeiten keine Veränderungen des TBV durch Volumenentzug oder Volumengabe bei Normalpersonen durchgeführt wurden, so lassen die Variationskoeffizienten der einzelnen Bestimmungen doch vermuten, daß der relative Normbereich von ITBV beim Menschen ähnlich eng anzusetzten ist wie beim Hund und der Bestimmung von CVP und PCWP überlegen ist.

Ein Blutentzug an Primaten ist am ehesten vergleichbar mit humanen Verhältnissen. Abel et al. [1] fanden bei einem Blutentzug von etwa 30 ml/kg an spontanatmenden Pavianen, daß der direkt gemessene LAP von 3,2 auf $-0,8$ mm Hg, das zentrale Blutvolumen von 10,2 auf 5,2 ml/kg, das Linksherzvolumen von 6,0 auf 2,7 ml/kg abnahm. TBV war initial mit 65 ml/kg bestimmt worden. ITBV setzt sich zusammen aus dem zentrale Blutvolumen und dem Blutvolumen von rechtem Vorhof und Ventrikel. Da sich die Compliance der intrathorakalen Teilvolumina nicht wesentlich unterscheidet, kann postuliert werden, daß ITBV sich bei den Primatenversuchen analog dem zentralen Blutvolumen halbiert hat. Das entzogene Volumen entsprach dabei etwa 45% TBV. Die Sensitivität des ITBV auf Blutentzug beim Primaten stellt sich somit vergleichbar den beim Hund gefundenen Werten dar.

Auch in eigenen Untersuchungen [160] zweier unterschiedlich hydrierter Kollektive von schwerstkranken, septischen Intensivpatienten konnte demonstriert werden, daß ITBV den Volumenstatus besser reflektierte als CVP oder PCWP. Das Infusionsregime der einen Gruppe war ausgeglichen, wogegen in der anderen Gruppe eine negative Wasserbilanz angestrebt wurde. Signifikante Unterschiede zeigten sich dabei in ITBV und C.I., nicht jedoch in CVP und PCWP. Die Ergebnisse dieser Untersuchung zeichnen ITBV als besten Leitparameter zur externen Volumenregulation aus.

7.5.2 Blutvolumenregulation in der Intensivmedizin – das adäquate Blutvolumen

Besonders aus der Gruppe um Shoemaker stammen Untersuchungen [8, 186–188], in denen die kardialen Füllungsdrücke in Relation gesetzt werden zum gesamten zirkulierenden Blutvolumen des Intensivpatienten. Baek et al. [8] fanden in einem Kollektiv von 115 Patienten keine Beziehung zwischen TBV und CVP oder PCWP. Sie schlossen daraus, daß CVP und PCWP den Volumenstatus des chirurgischen Patienten nicht reflektieren. Obwohl in der Aussage aufgrund unserer Untersuchungen richtig, ist doch der gedankliche Ansatz, die Arbeitshypothese, bedenklich falsch. Ein intakter Organismus paßt nur mittels der intrathorakal gelegenen Rezeptoren TBV den Bedürfnissen an. Da es keinen Anhalt für extrathorakale Volumenrezeptoren gibt, wird eigentlich nur ITBV geregelt. Bei intaktem Regelkreis ergibt sich die Höhe des TBV aus der Konstanthaltung von ITBV. Demzufolge können die Größen CVP, PCWP oder ITBV mit TBV nur korrelieren, wenn akute Blutvolumenänderung an einer zuvor einheitlichen Population vorgenommen werden. Da physikalische Randbedingungen, Pharmaka und unzählige individuelle pathologische und pathophysiologische Veränderungen sich überlagern, kann eine fixe Relation zwischen intrathorakalen Volumina – CVP und PCWP spiegeln nur die Größe der Teilvolumina wider – und TBV nicht erwartet werden. Zur Verdeutlichung sei angeführt, daß ein beidseits Beinamputierter bei normalem Hydratationszustand zwar ein geringeres TBV, doch ein normales ITBV haben wird. Daraus läßt sich schließen, daß die Normalisierung von ITBV unter den meisten pathologischen Zuständen das für die jeweilige Situation adäquate Blutvolumen garantiert. Die Messung von TBV könnte in diesem Zusammenhang nur nützlich sein, um aus der Relation ITBV/TBV die Größe des Kapazitätssystems beurteilen zu können.

Die kardialen Füllungsdrücke, die sich einstellen, sind eine Funktion von Volumen und Compliance des kapazitiven Gefäßsystems. Wie akribische Versuche aus jüngerer Zeit beweisen, kann das kapazitive Gefäßvolumen ganz erheblich durch β-adrenerge Mechanismen beeinflußt werden [171]. Es ist deshalb fraglich, ob es selbst unter den Bedingungen, wo eine Einschränkung der Aussagefähigkeit von CVP und PCWP durch Veränderungen des ITP nicht zu erwarten ist, richtig ist, den Füllungsdruck als volumenregulatorische Größe zu verwenden. Schließlich haben erst unlängst Carlson et al. [26] gezeigt, daß das Volumen des rechten Vorhofs und nicht der zentralvenöse Druck Hauptdeterminante des Herzzeitvolumens im hämorrhagischen Schock ist. In Sinne einer Veränderung des Tonus des kapazitiven Systems lassen sich auch Befunde von Krausz et al. [103] interpretieren. Die Autoren konnten eine Patientengruppe isolieren, bei der eine Plusbilanz von mehr als 3 l über 24 h von einem signifikanten Anstieg des PCWP begleitet war, wogegen der CVP eher fallende Tendenz aufwies.

Die Kompensation einer Hypovolämie geht einher mit der Freisetzung von Katecholaminen und venöser Konstriktion [67], was dann zur Normalisierung des CVP führen kann. Nur mit Hilfe der ITBV-Messung können derart kompensierte Hypovolämien demaskiert werden.

7.5.3 Intrathorakales Blutvolumen und Nierenfunktion

Die ITBV-Messung ist nicht nur nützlich bei der externen Steuerung des Blutvolumens, sondern hilft auch bei der Beurteilung der Nierenfunktion.

In der von H.-G. Pfeiffer initiierten Patientenstudie [160] fanden sich – bezogen auf das gesamte Patientengut – eindeutige Zusammenhänge zwischen ITBV und Nierenfunktionsparametern. Eine signifikante Korrelation bestand zwischen ITBV und der glomerulären Filtrationsrate ($r = 0{,}70$) sowie zwischen ITBV und der freien Wasserclearance ($r = 0{,}76$). Diese Untersuchung bewies erstmals durch direkte Volumenmessung den seit langem bekannten [61, 62, 64, 86] und in jüngster Zeit spezifizierten [36, 106, 195] Zusammenhang zwischen intrathorakalen Volumenrezeptoren und Nierenfunktion. Macht man sich diese Zusammenhänge in der klinischen Diagnostik zunutze, so kann z. B. bei normalem ITBV ein prärenales Nierenversagen ausgeschlossen werden.

7.5.4 RV-Funktionscharakterisierung mit der PPBV-ITBV-Relation

Da man bis vor wenigen jahren noch davon ausgegangen war, daß der rechte Ventrikel nur eine untergeordnete Rolle für die Kreislaufhomöostase spielt, wurde seiner Funktion wenig Aufmerksamkeit geschenkt [40]. Patienten mit akuter pulmonaler Hypertension im Gefolge einer Lungenembolie [126], mit akutem Atemnotsyndrom des Erwachsenen [193] oder mit chronisch-obstruktiver Lungenerkrankung [50] können eine Rechtsherzinsuffizienz mit erhöhtem RV-Volumen entwickeln, mit den fatalen Konsequenzen der gesteigerten Wandspannung und eines höheren myokardialen Sauerstoffverbrauchs. Deswegen wird es zukünftig eine intensivmedizinische Notwendigkeit werden, die RV-Funktion besser zu überwachen.

Das von uns in der PEEP-Untersuchung als Teil von ITBV gemessene PPBV repräsentiert das maximale Volumen von rechtem Vorhof und Ventrikel, also RAEDV + RVEDV. Wie in der PEEP-Untersuchung gezeigt, charakterisiert PPBV bei ungeschädigtem Herzen analog ITBV den Volumenstatus und korreliert gut mit dem Schlagvolumen. Das Ausmaß einer Rechtsinsuffizienz läßt sich anhand der Volumenrelation PPBV/ITBV abschätzen. Wie wir schon betont haben [210], wird es weiterer Untersuchungen an Intensivpatienten bedürfen, um den Wert dieses mittels Einschwemmkatheter einfach zu gewinnenden Parameters besser abschätzen zu können. .

7.5.5 Integriertes Monitoring von Herzzeitvolumen, präpulmonalem und intrathorakalem Blutvolumen, extravasalem Lungenwasser sowie der arteriellen und gemischtvenösen Sauerstoffsättigung

Bei dem von uns gewählten apparativen Ansatz kann man den klinischen Nutzen von ITBV- und PPBV-Messung nicht beurteilen, ohne die Parameter zu beleuchten, die im Verbund mit diesen bei Durchführung der Thermo-dye-Technik bzw. Anwendung der Fiberoptikreflexionsphotometrie anfallen.

Mit einer einzigen Injektion von gekühlter ICG-Lösung ermittelt das von uns entwickelte COLD-System C.O., PPBV, ITBV und das extravasale Lungenthermovolumen ETV. Über den Nutzen der C.O.-Messung beim schwerstkranken Intensivpatienten besteht sicher kein Zweifel. Das ETV korreliert hervorragend mit dem extravasalen Lungenwasser. Nachdem Jahrzehnte nach bettseitig durchführbaren Methoden zur zuverlässigen Messung des Lungenwassers gesucht worden war, hat sich fast eine Dekade nach Vorstellung der klinisch anwendbaren Thermo-dye-Technik [89] und seiner meßmethodischen Verfeinerung [112, 113, 152, 154] eine gewisse Frustration unter den Anwendern der Methode breitgemacht. Die anfangs an die neue Methode geknüpfte Hoffnung, schnell eine spezifische Therapie des ARDS begleitenden Permeabilitätsödems zu finden, haben sich bis heute nicht bewahrheitet. Da das extravasale Lungenwasser eine Größe ist, die sich nur langsam verändert, fällt es auch schwer, Therapieeffekte von denen des intrinsischen Krankheitsverlaufs zu trennen.

Doch erst in jüngster Zeit wurde eine Studie publiziert [43], die bei Steuerung der intensivmedizinischen Therapie mittels ETV bei Patienten mit einem Lungenwasser > 14 ml/kg und einem PCWP < 18 mm Hg eine deutlich und signifikant um 66% gesenkte Mortalität zeigte gegenüber Patienten, deren ETV-Wert den behandelnden Ärzten nicht bekannt war.

Eine ganz neue Richtung wurde von Zeravik et al. [219] eingeschlagen. Hier konnte eindrucksvoll demonstriert werden, daß sich der beste Beatmungsmodus für einen Intensivpatienten mit akuter respiratorischer Insuffizienz an der Höhe des ETV und nicht an der Qualität der Oxygenierung unter CPPV bemißt.

Die beiden zitierten Studien geben Anlaß zu der Vermutung, daß sich nach einigen Jahren des Stillstands der Entwicklung doch wichtige Therapieansätze aus der ETV-Messung gewinnen lassen.

Durch einfache Umschaltung des COLD-Systems kann mittels der beiden Fiberoptikkatheter kontinuierlich die gemischtvenöse und arterielle Sauerstoffsättigung gemessen werden. Gleichzeitig errechnet das System die arteriovenöse Sauerstoffgehaltsdifferenz sowie nach jeder Thermo-dye-Messung den arteriellen Sauerstofftransport in die Peripherie und den Sauerstoffverbrauch. Die Erfassung der beiden zuletzt erwähnten Parameter gewinnt zunehmend an Bedeutung, nachdem sich abzeichnet, daß gerade die periphere Sauerstoffversorgung eine Schlüsselrolle im pathophysiologischen Ablauf des septischen Schocks darstellt [7, 81, 181]. Außerdem bietet das kontinuierliche Monitoring der gemischtvenösen Sauerstoffsättigung eine wertvolle Globalüberwachung der metabolischen Endstrecke des Körpers in der A. pulmonalis [9].

Zusätzlich können über die Meßkatheter des COLD-Systems der arterielle und pulmonal-arterielle Druck überwacht und Blut abgenommen werden; in conclusio stehen durch die invasive Plazierung eines arteriellen Katheters, beide ausgestattet mit Fiberoptik und Thermistor, eine Reihe spezifischer Parameter zur Verfügung.

In Zukunft werden durch eine weitere mathematische Analyse der ICG-Dilutionskurve auch die RV-Auswurffraktion [95], das total zirkulierende Blutvolumen TBV [19, 80] und ein Index für die exkretorische Leberleistung [72, 98] zur Verfügung stehen. Gerade in den letzten Jahren wurden spezielle Thermodilutionskatheter entwickelt, mit denen man hoffte, die RV-Auswurffraktion unter intensivmedizinischen Bedingungen bettseitig erfassen zu können [97]. Inzwischen hat sich jedoch herausgestellt, daß die mittels Thermodilution in der A. pulmonalis gewonnenen RV-Auswurffraktionsmessungen systematisch um 20–25% falsch niedrige Ergebnisse ergaben [40], was zum einen durch die Montage der Temperaturfühler im Katheter [123] bedingt ist, zum anderen, wie wir vor einiger Zeit zeigen konnten [152], durch die Äquilibrierung der Kälte mit RV-Vorhof und RV-Myokard und dadurch bedingte Verzögerung der Passagezeit. Der von uns eingeschlagene Weg der Farbstoffverdünnung scheint besonders für diese Anwendung wesentlich erfolgversprechender zu sein.

Mit dem COLD-System, das mittels zweier Meßkatheter bei einer einzigen Indikatorinjektion ein Spektrum von hämodynamischen, volumenbezogenen und für den Gasaustausch relevanten Parametern liefert, läßt sich der Zustand des kritisch Kranken bettseitig exakt erfassen. Die tagtäglich dem Intensivmediziner gestellten Fragen – wann Volumen, wann positiv inotrope Substanzen, wann Diuretika, wann welche Beatmungsform, wann Zurückhaltung mit hepatisch eliminierten Pharmaka, wann Hämofiltration oder Dialyse? – sollten damit spezifischer beantwortet werden können.

Bei Abwägung der eingangs gestellten fragen nach Risiko, Verfügbarkeit und Durchführbarkeit der Meßmethodik sowie nach der Spezifität des erfaßten Parameters zur Volumensubstitution bleibt für die Anwendung in der Intensivmedizin keine andere Alternative als die Messung von ITBV und PPBV mit dem COLD-System.

8 Schlußfolgerungen und Zusammenfassung

Die durchgeführten Untersuchungen und die darauf aufbauende Diskussion zum Thema „ITBV zur Volumenregulation" lassen folgende Schlußfolgerungen zu:

1) Der interindividuelle Variationsbereich des normalen ITBV ist wesentlich geringer als der von CVP oder PCWP.
2) Die Sensitivität von ITBV, eine akute oder protrahierte Hypovolämie anzuzeigen, ist ungleich höher als die von CVP oder PCWP. ITBV ist damit die einzige Größe, aus deren Höhe mit großer Sicherheit auf den Volumenstatus geschlossen werden kann. Damit eignet es sich in hervorragender Weise als Leitparameter für die externe Volumenregulation. Die Kombination von ITBV und – wo ohne Einschränkung möglich – den Füllungsdrücken dürfte die präziseste Information über den Blutvolumenstatus liefern.
3) CVP- oder PCWP-Messungen sind unter IPPV-Beatmung schlechte Indikatoren der Volumensituation, unter PEEP-Beatmung kann deren Interpretation als Volumenindikatoren mitunter fatale Folgen haben. Die globale Abschätzung des Preload für beide Herzkammern durch die Messung von ITBV gibt auch hier die Abweichung zum adäquaten Blutvolumen exakt wieder.
4) Die weitere Differenzierung von ITBV durch die simultane Erfassung des Teilvolumens PPBV kann helfen, die komplexen pathophysiologischen Vorgänge bei Vorliegen einer Rechtsbelastung infolge pulmonaler Hypertonie bei simultaner PEEP-Beatmung aufzuklären und die Volumensubstitutions- sowie Beatmungstherapie spezifischer zu gestalten.
5) Der apparative Aufwand zur Messung des ITBV ist zwar höher als derjenige zur Messung von CVP oder PCWP. Unter den Bedingungen der maximalen intensivmedizinischen Therapie gibt es aber keine Alternative zur Messung von ITBV und PPBV, wenn berücksichtigt wird, daß diese beiden Parameter nur ein Teil des integralen Fiberoptikmonitoringspektrums mit dem COLD-System sind, das mit einer Farbstoffinjektion auch das Herzzeitvolumen und das extravasale Lungenwasser auswirft und während der restlichen Zeit die arterielle und gemischtvenöse Sauerstoffsättigung kontinuierlich anzeigt.

Ein essentielles Ziel der intensivmedizinischen Behandlung ist die Einstellung und Aufrechterhaltung eines adäquaten zirkulierenden Blutvolumens, da gerade bei kritisch Kranken die physiologischen Regelvorgänge oftmals ausgefallen sind oder deren Leistungsbreite den Anforderungen bei weitem nicht entspricht. Als gute Indikatoren des zirkulierenden Volumens werden die kardialen Füllungsdrücke angesehen. Als postuliertes Korrelat der kardialen Füllungsdrücke werden deshalb der zentralvenöse Druck (CVP) und der pulmonalkapilläre Verschlußdruck (PCWP) gemessen. Die Erfahrung hat jedoch gezeigt, daß es u.U.

sehr problematisch sein kann, bei beatmeten Patienten ein Blutvolumendefizit mittels der CVP- und/oder PCWP-Messung zu diagnostizieren. In mehreren experimentellen Studien wurde deshalb untersucht, inwieweit CVP, PCWP und – als neuer Parameter, das intrathorakale Blutvolumen (ITBV) Änderungen des zirkulierenden Blutvolumens anzeigen können.

Methodik und Ergebnisse: Die Versuche wurden in mehreren Untersuchungsserien an Hunden und Schweinen durchgeführt. CVP und PCWP wurden mittels elektronischer Druckmeßgeräte gemessen. ITBV, ein Nebenprodukt der Messung des extravaskulären Lungenwassers mit der Thermo-dye-Technik, stellt das Verteilungsvolumen des Farbstoffs Indocyaningrün zwischen dem Injektionsort im rechten Vorhof und Registrierort in der Aorta abdominalis dar. ITBV errechnet sich nach folgender Formel: ITBV = C.O. · MTT (C.O. = Herzzeitvolumen und MTT = mittlere Durchgangszeit des Farbstoffs). Die ITBV-Messung erwies sich als exakt und hervorragend reproduzierbar (Variationskoeffizient von 4,3% bei 5 aufeinanderfolgenden Bestimmungen).

Zur *Eingrenzung des Normbereichs von CVP, PCWP und ITBV* wurden die Mittelwerte (m) und prozentualen Variationskoeffizienten (v) aus Messungen an 122 Hunden unter volumenkontrollierter Beatmung berechnet. CVP: m = 4,2 mm Hg, v = 51,9%; PCWP: m = 6,9 mm Hg, v = 40,3%; ITBV: m = 23,1 ml/kg, v = 20,1%. Die Sensitivität von CVP, PCWP und ITBV, akute Volumenveränderungen anzuzeigen, wurde in 17 Versuchen ermittelt, in denen Blut mit einer Geschwindigkeit von 1 ml/kg/min entzogen wurde. Durch lineare Regressionsanalysen zwischen entzogenen Volumen (in ml/kg) und den jeweiligen Meßwerten von CVP, PCWP und ITBV wurden die Sensitivität (1/a) auf Blutentzug (BE) sowie die Korrelationskoeffizienten (r) errechnet. CVP: 1/a = 43,1 ml BE/kg/mm Hg, r = 0,29; PCWP: 1/a = 16,3 ml BE/kg/mm Hg, r = 0,47; ITBV: 1/a = 3,2 ml BE/kg/mm Hg, r = 0,92.

Im Rahmen einer *Hämatomstudie* am Hund (n = 17), wo das Bild eines kompensierten hypovolämischen Schocks resultierte, wies nur ITBV eine mehr als 30%ige Abnahme auf, wogegen der PCWP eher anstieg und eine Normovolämie vorspiegelte.

Der Einfluß einer leichen *Änderung des intrathorakalen Drucks* wurde an 9 spontanatmenden und an 9 volumenkontrolliert beatmeten Schweinen untersucht. Es zeigte sich, daß sich CVP und PCWP dabei unspezifisch verhielten, wogegen mittels ITBV ein unter Beatmung geringeres Herzzeitvolumen als kardialer Volumenmangel identifiziert werden konnte.

An weiteren 13 Hunden wurde der Einfluß der *Beatmung mit positiv endexspiratorischem Druck* auf PCWP und ITBV untersucht. Mit zunehmendem PEEP stieg PCWP, wogegen ITBV in gleicher Weise abfiel und eine dazu parallele Abnahme des Schlagvolumens bedingte.

Die Ergebnisse deuten darauf hin, daß sogar unter streng standardisierten Laborbedingungen die interindividuellen Variationen von CVP und PCWP wesentlich größer sind als die von ITBV. Außerdem reagiert ITBV am sensitivsten auf Blutentzug und vermag auch eine kompensierte Hypovolämie anzuzeigen. Mechanische Überdruckbeatmung bei unter Spontanatmung normovolämischen Tieren verschiebt Blut in das extrathorakale Gefäßsystem und mindert dadurch die kardiale Füllung. Volumen müßte substituiert werden, um das Schlagvolumen wieder anzuheben. Der durch die Beatmung induzierte Volumenbedarf zur Restitution des adäquaten zirkulierenden Volumens wird exakt durch die Änderung von ITBV reflektiert, wogegen die Veränderung der Füllungsdrücke sogar die therapeutisch falsche Richtung aufzeigt.

Fazit: Mittels der Messung des intrathorakalen Blutvolumens ITBV läßt sich das für jede Situation adäquate zirkulierende Volumen exakt titrieren. Unter den Kriterien der modernen Intensivmedizin ist ITBV somit als Volumenregulationsparameter geeignet, eine Interpretation von CVP und PCWP in diesem Sinne kann hingegen den Patienten unter Umständen gefährden.

Literaturverzeichnis

1. Abel FL, Waldhausen JA, Daly WJ, Pearce WL (1967) Pulmonary blood volume in hemorrhagic shock in the dog and the primate. Am J Physiol 213:1072–1078
2. Annat G, Viale JP, Bui Xuan B et al (1983) Effect of PEEP ventilation on renal function, plasma renin, aldosterone, neurophysins and urinary ADH, and prostaglandins. Anesthesiology 58:136–141
3. Applefeld JJ, Caruthers TE, Reno DJ, Divetta JM (1974) Assessment of the sterility of long term cardiac catheterization. Chest 74:377–380
4. Arfors K-E, Malmberg P, Pavek K (1971) Conservation of thermal indicator in lung circulation. Carciovasc Res 5:530–534
5. Arndt JO (1966) Die Beziehung zwischen Umfang der Vorhöfe und Vorhofdrücken bei Volumenänderung an narkotisierten Katzen. Pflügers Arch 292:343–355
6. Arndt JO (1983) Funktions- und Regelprinzipien des Niederdrucksystems. Wertigkeit und Grenzen der zentralvenösen Druckmessung. Anaesthesiol Intensivmed 156:29–45
7. Astiz ME, Rackow EC, Falk JL, Kaufman BS, Weil MH (1987) Oxygen delivery and consumption in patients with hyperdynamic septic shock. Crit Care Med 15:26–28
8. Baek S-M, Makabali GB, Bryan-Brown CW, Kusek JM, Shoemaker WC (1975) Plasma expansion in surgical patients with high central venous pressure (CVP); the relationship of blood volume to hematocrit, CVP, pulmonary wedge pressure, and cardiorespiratory changes. Surgery 78:304–315
9. Baele PL, McMichan JC, Marsh M, Sill CJ, Southurn PA (1982) Continuous monitoring of mixed venous O_2 saturation in critically ill patients. Anesth Analg 61:513–517
10. Band JD, Maki DG (1979) Infections caused by arterial catheters used for hemodynamic monitoring. Am J Med 67:735–738
11. Batson GA, Chandrasekhar KP, Payas Y, Rickards DF (1972) Measurement of pulmonary wedge pressure by flow directed Swan-Ganz-Catheter. Cardiovasc Res 6:748–752
12. Bellamy PE, Mercurio P (1986) An alternative method for coordinating pulmonary capillary wedge pressure measurements with the respiratory cycle. Crit Care Med 14:733–734
13. Benzer H, Frey R, Hügin W, Mayrhofer O (1982) Anaesthesiologie, Intensivmedizin und Reanimatologie. Springer, Berlin Heidelberg New York, S 937
14. Berne RM, Levy MN (1983) The cardiovascular system. In: Berne RM, Levy MN (eds) Physiology. Mosby, St. Louis Toronto, pp 439–623
15. Berryhill RE, Benumo JL, Raucher LA (1978) Pulmonary vascular pressure reading at the end of exhalation. Anesthesiology 49:365–369
16. Blümel G (1970) Fibrinolytische Aktivitäten und deren Hemmung im Frakturhaematom mit Beeinflussung der Knochenbruchheilung. Klinische und exprimentelle Untersuchungen. Acta Chir Austriaca 2:122–133
17. Bock J, Buchholtz J (1920) Über das Minutenvolumen des Herzens beim Hunde und über den Einfluß des Coffeins auf die Größe des Minutenvolumens. Arch Exp Pathol Pharmakol 88:192–215
18. Bonica JJ, Kennedy WF, Akamatzu TJ, Gerbergshagen HU (1972) Circulatory effects of peridural block III. Effects of acute blood loss. Anesthesiology 36:219–227
19. Bradley EC, Barr JW (1968) Determination of blood volume using indocyanine green dye. Life Sci 7:1001–1007
20. Brandt L, Dick W (1987) Klinische Erfahrungen mit einem neuen, mehrfach wiederverwendbaren Druckaufnehmer. Anaesthesist 36:450–454

21. Brown DR, Bazaral MG, Nath PH, Delaney DJ (1981) Canine left ventricular volume response to mechanical ventilation with PEEP. Anesthesiology 54:409–412
22. Buchbinder N, Ganz W (1976) Hemodynamic monitoring: invasive techniques. Anesthesiology 45:146–155
23. Burke KG, Larson E, Maciorowski L, Adler D (1986) Evaluation of the sterility of thermodilution room-temperature injectate preparations. Crit Care Med 14:503–504
24. Burri C, Allgöwer M (1967) Klinische Erfahrung mit der Messung des ZVD. Schweiz Med Wochenschr 97:1414–1420
25. Calvin JE, Driedger AA, Sibbald WJ (1981) Positive end-expiratory pressure (PEEP) does not depress left ventricular function in patients with pulmonary edema. Am Rev Respir Dis 124:121–128
26. Carlson DE, Burchard KW, Gann DS (1986) Right atrial volume during hemorrhage in the dog. Am J Physiol 250:H1136–H1144
27. Carmona RH, Tsao T, Dae M, Trunkey DD (1985) Myocardial dysfunction in septic shock. Arch Surg 120:30–35
28. Cassidy SS (1984) Stimulus response curves of the lung inflation cardio-depressor reflex. Respir Physiol 57:259–268
29. Cassidy SS, Ramanathan M (1984) Dimensional analysis of the left ventricle during PEEP: relative septal and lateral wall displacements. Am J Physiol 15:H792–H805
30. Chaudry IH, Baue AE (1982) Overview of hemorrhagic shock. In: Cowley RA, Trump BF (eds) Pathophysiology of shock, anoxia and ischemia. Williams & Wilkins, Baltimore London, pp 203–219
31. Chien S (1971) Hemodynamics in hemorrhage: Influences of sympathetic nerves and pentobarbital anesthesia. Proc Soc Exp Biol Med 136:271–275
32. Civetta JM, Gabel JC (1971) Pulmonary artery pressure determination: electronic superior to manometric. N Engl J Med 285:1145–1146
33. Craddock PR, Fehr J, Brigham KL, Kronenberg RS, Jacobs HS (1977) Complement and leucocyte-mediated pulmonary dysfunction in hemodialysis. N Engl J Med 296:769–774
34. Craddock PR, Fehr J, Dalmasso AP, Brigham KL, Jacobs HS (1977) Hemodialysis leukopenia: Pulmonary vascular leukostasis resulting from complement activation by dialyzer cellophane membranes. J Clin Invest 59:879–888
35. Davison R, Parker M, Harrison RA (1978) The validity of determinations of pulmonary wedge pressure during mechanical ventilation. Chest 73:352–358
36. De Bold AJ, Borenstein HB, Veress AT, Sonnenberg AT (1981) A rapid and potent natriuretic response to intravenous injection of atrial myocardial extract in rats. Life Sci 28:89–94
37. De Campo T, Civetta JM (1979) The effect of short-term discontinuation of high-level PEEP in patients with acute respiratory failure. Crit Care Med 7:47–49
38. De Laurentis DA, Hayes M, Matsumoto T, Wolferth CC (1972) Does central venous pressure accurately reflect hemodynamic and fluid volume patterns in the critical surgical patient. Am J Surg 126:415–418
39. Dehnen-Seipel H, Arndt JO, Bircks W (1978) Die Compliance der intra- und extrathorakalen Gefäßabschnitte des Menschen. Verh Dtsch Ges Kreislaufforsch 44:161
40. Dhainaut J-F, Brunet F, Monsallier JF et al (1987) Bedside evaluation of right ventricular performance using a rapid computerized thermodilution method. Crit Care Med 5:148–152
41. Divertie MB, McMichan JC, Michel L, Offord KP, Ness AB (1983) Avoidance of aggravated hypoxemia during measurement of mean pulmonary artery wedge pressure in ARDS. Chest 83:70–74
42. Dock DS, Kraus WL, Lockart B, McGuires J, Hylands W, Haynes FW, Dexter L (1961) The pulmonary blood volume in man. J Clin Invest 40:317–328
43. Eisenberg PR, Hansborough JR, Anderson D, Schuster DP (1987) A prospective study on lung water measurements during patients management in an intensive care unit. Am Rev Respir Dis 136:662–668
44. Eisenhauer DE, Derveloy JR, Hastings RP (1982) Prospective evaluation of central venous pressure (CVP) catheters in a large city-county-hospital. Ann Surg 196:560–564

45. Elings VB, Lewis FR, Briggs J (1982) Indicator dilution using a fluorescent indicator. J Appl Physiol 52:1368–1374
46. Epstein M, Lifschitz R, Haber E (1980) Dissociation of renin-aldosterone and renal prostaglandin E during volume expansion induced by immersion in normal man. Clin Sci 59:55–62
47. Erhardt W (1979) Die Frühphase des RDS. Gezeigt am Modell des Weichteilhämatoms. Habilitationsschrift, Universität München
48. Erhardt W, Zänker K, Tölle W, Wriedt-Lübbe I, Probst J (1977) Experimentelle Untersuchungen zur Pathogenese der akuten pulmonalen Insuffizienz. Res Exp Med 171:163–172
49. Erhardt WD, Zänker KS, Tölle W, Wriedt-Lübbe I, Birk M, Blümel G, Probst J (1979) The mechanical, enzymatic and morphological changes in acute pulmonary insufficiency following the production of a haematoma in rabbits. J Pathol 127:157–164
50. Ferrer MI (1975) Cor pulmonale (pulmonary heart disease): Present day status. Am Heart J 89:657–664
51. Fewell JE, Abendschein DR, Carlson CJ, Rapaport E, Murray JF (1981) Continuous positive pressure ventilation does not alter ventricular pressure volume relationships. Am J Physiol 240:H821–H826
52. Fick A (1870) Über die Messung des Blutquantums in den Herzventrikeln. Verh Phys Med Ges 2:XVI
53. Fitzpatrick DF, Hampson LG, Burgess JH (1972) Bedside determination of left atrial pressure. Can Med Assoc J 106:1293–1298
54. Foote GA, Schabel SI, Hodges M (1974) Pulmonary complications of the flow-directed balloon-tipped catheter. N Engl J Med 290:927–931
55. Forstrom RJ, Blackshear PL, Keshariak P, Dorman FD (1971) Fluid dynamic lysis of red cells. Chem Eng Prog Sympos Ser 67:69–74
56. Fox IJ, Wood EH (1960) Indocyanine green: Physical and physiological properties. Mayo Clin Proc 35:732–744
57. Fox IJ, Brooker LG, Heseltine DW, Essex HE, Wood EH (1957) A tricarbocyanine dye for continuous recording of dilution curves in whole blood independent of variations in blood oxygen saturation. Mayo Clin Proc 32:478–484
58. Frostell C, Blomqvist H, Hedenstierna G, Pieper R, Halbig I (1986) Effects of prolonged surgical trauma on the extravascular lung water and central blood volume in the dog. Acta Anaesthesiol Scand 30:309–313
59. Garber S, Choi HJ, Fujita R, Kies D (1986) Another wrong turn. J Clin Monit 2:142
60. Gauer OH (1975) Die Rolle des intrathorakalen Kreislaufs in der Volumenregulation. INA 2:3–16
61. Gauer OH, Henry JP (1956) Beitrag zur Homöostase des extraarteriellen Kreislaufs. Volumenregulation als unabhängiger physiologischer Parameter. Klin Wochenschr 34:356–366
62. Gauer OH, Henry JP (1963) Circulatory basis of extracellular fluid volume control. Physiol Rev 43:423–481
63. Gauer OH, Henry JP, Sieker HO (1956) Changes in central venous pressure after moderate hemorrhage and transfusion in man. Circ Res 4:79–84
64. Gauer OH, Henry JP, Sieker HO (1961) Cardiac receptors and fluid volume control. Prog Cardiovasc Dis 4:1–26
65. Gauer OH, Henry JP, Behn C (1970) The regulation of extracellular fluid volume. Ann Rev Physiol 32:547–595
66. Gershan JA (1983) Effect of positive end-expiratory pressure on pulmonary capillary wedge pressure. Heart Lung 12:143–148
67. Gersmeyer EF, Yasargil EC (1978) Schock und hypotone Kreislaufstörungen. Pathophysiologie - Diagnostik - Therapie. Thieme, Stuttgart, S 25–30
68. Gettinger A, De Traglia MC, Glass DD (1987) In vivo comparison of two mixed venous saturation catheters. Anesthesiology 66:373–375
69. Gilly H (1984) Flow- und Volumsbestimmungen mittels Dilutionsverfahren. Beitr Anaesth Intensivmed 6:40–59
70. Goldfarb RD (1982) Cardiac dynamics following shock: Role of circulating cardiodepressant substances. Circ Shock 9:317–334

88   Literaturverzeichnis

71. Goresky CA, Silverman M (1964) Effect of correction of catheter distortion on calculated liver sinusoidal volumes. Am J Physiol 207:883–892
72. Gottlieb ME, Stratton HH, Newell JC, Shah DM (1984) Indocyanine green. Its use as an early indicator of hepatic dysfunction following injury in man. Arch Surg 119:264–268
73. Graff J, Gong R, Byron R, Hassett JM (1986) Knotting and entanglement of multiple central venous catheters. JPEN J Parenter Enteral Nutr 10:319–320
74. Greene JF, Cummings KG (1973) Aseptic thrombotic endocardial vegetations. A comparison of indwelling pulmonary artery catheters. JAMA 225:1525–1526
75. Grindlinger GA, Manny J, Justice R, Dunham B, Shepro D, Hechtman HB (1979) Presence of negative inotropic agents in canine plasma during positive end-expiratory pressure. Circ Res 45:460–467
76. Guyton AC, Coleman TG (1967) Longterm regulation of the circulation: Interrelationships with the body fluid volumes. In: Reeve EB, Guyton AC (eds) Physical bases of circulatory transport: Regulation and exchange. Saunders, Philadelphia London, pp 179–201
77. Guyton AC, Jones CE, Coleman TG (1973) Circulatory physiology: Cardiac output and its regulation. Saunders, Philadelphia
78. Hamilton WF, Moore JW, Kinsman JM, Spurling RG (1932) Studies on the circulation. Am J Physiol 99:534–551
79. Hammermeister KE, Damme J van (1979) A simple new system for maintaining measured quantities of saline cold and sterile for thermodilution cardiac output measurement. Cathet Cardiovasc Diagn 5:95–99
80. Haneda K, Horiuchi T (1986) A method for measurement of total circulating blood volume using indocyanine green. Tohoku J Exp Med 148:49
81. Hankeln KB, Senker R, Schwarten JU, Beez MG, Engel HJ, Laniewsky P (1987) Evaluation of prognostic indices based on hemodynamic and oxygen transport variables in shock patients with adult respiratory distress syndrome. Crit Care Med 15:1–7
82. Hardy HH, Collins RE (1982) On the pressure-volume relationship in circulatory elements. Med Biol Eng Comput 20:567–570
83. Hardy JD, Garcia JB, Hardy JA (1974) Fluid replacement monitoring: Effect of dextran overload, norepinephrine drip and positive pressure ventilation on systemic arterial, right atrial, pulmonary wedge and left atrial pressure in dogs. Ann Surg 180:162–166
84. Haynes JB, Carson SD, Whitney WP, Zerbe GO, Hyers TM, Steele P (1980) Positive end-expiratory pressure shifts left ventricular diastolic pressure-area curves. J Appl Physiol 48:670–676
85. Hedenstierna G, Strandberg A, Brismar B, Lundquist H, Svensson L, Tokics L (1985) Functional residual capacity, thoracoabdominal dimensions, and central blood volume during general anesthesia with muscle paralysis and mechanical ventilation. Anesthesiology 62:247–254
86. Henry JP, Gauer O, Reeves IL (1956) Evidence of the atrial location of receptors influencing urine flow. Circ Res 4:85–90
87. Henry JP, Gauer OH, Sieker HO (1956) The effect of moderate changes in blood volume on left and right atrial pressures. Circ Res 4:91–94
88. Hobelmann CF, Smith DE, Virgilio RW, Shapiro AR, Peters RM (1974) Left atrial and pulmonary artery wedge pressure difference with positive end-expiratory pressure. Surg Forum 25:232–234
89. Holcroft JW, Trunkey DD, Lim RC (1976) Further analysis of lung water in baboons resuscitated from hemorrhagic shock. J Surg Res 20:291–297
90. Hudson-Civetta JA, Civetta JM, Martinez OV, Hoffmann TA (1987) Risk and detection of pulmonary artery catheter-related infection in septic surgical patients. Crit Care Med 15:29–34
91. Humphrey CB, Oury JH, Virgilio RW, Gibbons JA, Folkerth TL, Shapiro AR, Fosburg RG (1976) An analysis of direct and indirect measurements of left atrial filling pressure. J Thorac Cardiovasc Surg 71:643–647
92. Jacobson ED (1968) A physiologic approach to shock. N Engl J Med 278:834–839
93. Jansen JRC, Versprille A (1986) Improvement of cardiac output estimation by the thermodilution method during mechanical ventilation. Intensive Care Med 12:71–79

94. Jardin F, Farcot JC, Guéret P, Prost JF, Ozier Y, Bourdarias JP (1984) Echocardiographic evaluation of ventricles during continuous positive airway pressure breathing. J Appl Physiol 56:619–627

95. Jarlov A, Mygind T (1979) Ventricular volumes determined from indicator dilution curves. Med Biol Eng Comput 17:31–37

96. Johnson JA, Moore W, Segar E (1969) Small changes in left atrial pressure and plasma antidiuretic hormone titers in dogs. Am J Physiol 217:210–214

97. Kay HR, Afshari M, Barash P et al (1983) Measurement of ejection fraction by thermal dilution techniques. J Surg Res 34:337–346

98. Kholoussy AM, Pollack D, Matsumoto T (1984) Prognostic significance of indocyanine green clearance in critically ill surgical patients. Crit Care Med 12:115–116

99. Kirsch KA, Ameln H von (1982) Physiologie des Niederdrucksystems. In: Busse R (Hrsg) Kreislaufphysiologie. Thieme, Stuttgart New York, S 104–135

100. Klaschik E, Bonhoeffer K, Kämmerer H, Köppen R (1980) Tierexperimentelle Untersuchungen über den Einfluß des endexspiratorischen Druckes auf die Beziehung zwischen linkem Vorhofdruck und pulmonal-arteriellem Wedge-Druck in Abhängigkeit vom Füllungszustand des Gefäßsystems. Anaesthesist 29:152–156

101. Klempt HW, Bender F (1975) Vorratshaltung der Kältelösung für die Thermodilutionsmethode. Z Kardiol 64:48–51

102. Kramer K, Ziegenrücker G (1957) Die Bestimmung des Herzminutenvolumens, unabhängig von der Sauerstoffsättigung des Blutes, an uneröffneten Arterien mit Hilfe eines neuen, im nahen Infrarot absorbierenden Farbstoffes. Klin Wochenschr 35:468–472

103. Krausz MM, Perel A, Eimerl D, Cotev S (1977) Cardiopulmonary effects of volume loading in patients in septic shock. Ann Surg 185:429–434

104. Landsman ML, Kwant G, Mook GA, Zijlstra WG (1976) Light absorbing properties, stability, and spectral stabilization of indocyanine green. J Appl Physiol 40:575–583

105. Lappas D, Lell WA, Gabel JC, Civetta JM, Lowenstein E (1973) Indirect measurement of left-atrial pressure in surgical patients. Pulmonary-capillary wedge and pulmonary artery diastolic pressures compared with left-atrial pressure. Anesthesiology 38:394–397

106. Laragh JH (1986) The endocrine control of blood volume, blood pressure and sodium balance: Atrial hormone an renin system interactions. J Hypertension [Suppl 2] 4:S143–S156

107. Laver MB, Strauss WH, Pohost GM (1979) Right and left ventricular geometry adjustments during acute respiratory failure. Crit Care Med 7:507–519

108. Leevy CM, Stein SW, Cherrick GR, Davidson CS (1959) Indocyanine green clearance. A test of liver excretory function. Clin Res 7:290–296

109. Leevy CM, Leevy CB, Howard MM (1979) Indocyanine green and the liver. In: Davidson C (ed) Problems in liver diseases. Thieme, Stuttgart New York, pp 42–52

110. Lefer AM (1970) Role of a myocardial depressant factor in the pathogenesis of circulatory shock. Fed Proc 29:1836–1847

111. Lefer AM (1982) Vascular mediators in ischemia and shock. In: Cowley RA, Trump BF (eds) Pathophysiology of shock, anoxia and ischemia. Williams & Wilkins, Baltimore London, pp 165–181

112. Lewis FR, Elings VB (1978) Microprocessor determination of lung water using thermalgreen dye double indicator dilution. Surg Forum 29:182–184

113. Lewis FR, Elings VB, Sturm JA (1979) Bedside measurements of lung water. J Surg Res 27:250–261

114. London GM, Safar ME, Simon AC, Alexandre JM, Levenson JA (1978) Total effective compliance, cardiac output and fluid volumes in essential hypertension. Circulation 57:995–1000

115. London GM, Guerin AP, Bouthier JD, London AM, Safar ME (1985) Cardiopulmonary blood volume and plasma renin activity in normal and hypertensive humans. Am J Physiol 249:H807–H813

116. Lozman J, Powers SR, Older T et al (1974) Correlation of pulmonary wedge and left atrial pressures. A study in the patient receiving endexpiratory pressure. Arch Surg 109:270–277

117. Maack T, Marion DN, Camargo MJ, Kleinert HD, Laragh HJ, Vaughan ED, Atlas SA (1984) Effects of auriculin (Atrial natriuretic factor) on blood pressure, renal function, and the renin-aldosterone system in dogs. Am J Med 77:1069–1075

118. Mann RL, Carlton GC, Turnbull AD (1981) Comparison of electronic and manometric central venous pressures. Influences of access route. Crit Care Med 9:98–100

119. Manney J, Patten MT, Liebman PR, Hechtman HB (1978) The association of lung distension, PEEP and biventricular failure. Ann Surg 187:151–157

120. Marini JJ, Culver BH, Butler J (1981) Effect of positive end-expiratory pressure on canine ventricular function curves. J Appl Physiol 51:1367–1374

121. Marini JJ, Culver BH, Butler J (1981) Mechanical effect of lung distension with positive pressure on cardiac function. Am Rev Respir Dis 124:282–286

122. Marshall RJ, Wang Y, Shephard JT (1960) Components of the „central" blood volume in the dog. Circ Res 8:93–100

123. Maruschak GF, Schauble JF (1985) Limitations of thermodilution ejection fraction: Degradation of frequency response by catheter mounting of fast-response thermistors. Crit Care Med 13:679–689

124. Mattea EJ, Paruta AN, Worthen LR (1979) Sterility of pre-filled syringes for thermal dilution cardiac output. Am J Hosp Pharm 36:1156–1157

125. McCaffree DR, Butler PM (1984) Monitoring the trauma patient. In: Wilder RJ (ed) Progress in critical care medicine: Multiple trauma. Karger, Basel New York, pp 48–67

126. McIntyre DM, Sasahara AA (1971) The hemodynamic response to pulmonary embolism in patients without prior cardiopulmonary disease. Am J Cardiol 28:288–292

127. Meier P, Zierler KL (1954) On the theory of indicator-dilution method for measurement of blood flow and volume. J Appl Physiol 6:731–744

128. Meisner H, Glanert S, Steckmeier B et al (1973) Indicator loss during injection in the thermodilution system. Res Exp Med 159:183–196

129. Meisner H, Hagl S, Heimisch W et al (1974) Evaluation of the thermodilution method for measurement of cardiac output after open heart surgery. Ann Thorac Surg 18:504–515

130. Michel L, Installe E, Joucken K (1983) Knotting of intracardiac flow-directed balloon catheter. Chest 83:147–148

131. Minor WA, Jose AD (1960) Distortion of indicator-dilution curves by sampling systems. J Appl Physiol 15:177–180

132. Moore WW (1971) Antidiuretic hormone levels in normal subjects. Fed Proc 30:1387–1394

133. Morris TW, Abbrecht PH, Leverett SD (1974) Diameter-pressure relationships in the unexposed femoral vein. Am J Physiol 227:782–788

134. Myers ML, Austin TW, Sibbald WJ (1985) Pulmonary artery catheter infections. A prospective study. Ann Surg 201:237–241

135. Nahimisa T (1982) Indocyanine green test and its development (editorial). Tokai J Exp Clin Med 7:419–423

136. Necek S (1983) Zur Relevanz der Ermittlung intraalveolärer Flüssigkeit mittels Messung des extravaskulären Lungenwassers (EVLW). In: Schlag G (Hrsg) Der Schock. Springer, Berlin Heidelberg New York (Hefte zur Unfallheilkunde, H 156, S 504–508)

137. Newman EV, Merrell MM, Genecin A, Monge C, Milnor WR, McKeever WP (1951) The dye dilution method for describing the central circulation. An analysis of factors shaping the time-concentration curves. Circulation 6:735–746

138. Niemer M, Nemes C (1981) Datenbuch der Intensivmedizin. Fischer, Stuttgart New York

139. Noble WH, Severinghaus JW (1972) Thermal and conductivity curves for rapid quantification of pulmonary edema. J Appl Physiol 32:770–775

140. Noble WH, Kay JC, Maret KH, Caskanette G (1980) Reappraisal of extravascular thermal volume as a measure of pulmonary edema. J Appl Physiol 48:120–129

141. Olesky SJ, Weinstein H, Shaffer AB (1969) Correction of dye-curve distortion with the use of perfect mixers in series model. J Appl Physiol 26:227–232

142. O'Quin R, Marini JJ (1983) Pulmonary artery occlusion pressure: Clinical physiology, measurement and interpretation. Am Rev Respir Dis 128:319–326

143. Pace NL (1977) A critique of flow-directed pulmonary arterial catheterization. Anesthesiology 47:455–465

44. Pace NL, Horton W (1975) Indwelling pulmonary artery catheters: Their relationship to aseptic thrombotic endocardial vegetations. JAMA 233:893–894
45. Page DW, Teres D, Hartshorn JW (1971) Fatal hemorrhage from Swan-Ganz catheter. N Engl J Med 284:220–222
46. Parrish D, Gibbons GE, Bells JW (1962) A method for reducing the distortion produced by catheter sampling systems. J Appl Physiol 17:369–371
47. Paumgartner G, Probst P, Kraines R, Leevy CM (1970) Kinetics of indocyanine green removal from the blood. NY Acad Sci 170:134–170
48. Pavek E, Pavek K, Boska D (1970) Mixing and observation errors in indicator dilution studies. J Appl Physiol 28:773–740
49. Pavek K, Lindquist O, Arfors KE (1973) Validity of thermodilution method for measurement of cardiac output in pulmonary edema. Cardiovasc Res 7:482–488
50. Payne RM, Stone HL, Engelken EJ (1974) Atrial function during volume loading. J Appl Physiol 31:326–331
51. Pfeiffer H-G, Heinkelmann W, Petrowicz O, Blümel G (1977) Kinetics of hematoma and diagnosis of hypovolemia by double isotope determination of total blood volume. Eur Surg Res [Suppl 1] 9:19
52. Pfeiffer UJ, Zimmermann G (1984) Fehlermöglichkeiten und Grenzen der Lungenwasserbestimmung mit der Thermo-Dye-Technik. Beitr Anaesthesiol Intensivmed 6:81–104
53. Pfeiffer U, Birk M, Blümel G (1979) Ein vollautomatischer Thermodilutionsinjektor. Biomed Tech 24:60–61
54. Pfeiffer U, Birk M, Strigl R, Erhardt W, Blümel G (1980) Methodik zur Messung von physiologischen Veränderungen unter Fenoterol und Verapamil: Experimentelle Studie zur Entstehung des Lungenödems unter Tokolyse I. Z Geburtshilfe Perinatol 184:94–100
55. Pfeiffer U, Birk M, Kohler W, Sagerer M, Blümel G (1981) Extravasales Lungenwasser und plasmakolloidosmotischer Druck bei der pulmonalen Mikroembolie. Chir Forum 81:28–32
56. Pfeiffer U, Birk M, Aschenbrenner G, Blümel G (1982) The system for quantification of thermal-dye extravascular lung water. In: Prakash O (ed) Computers in critical care and pulmonary medicine, vol 2. Plenum, London, pp 123–125
57. Pfeiffer U, Erhardt W, Kohler W, Gamperl HJ, Blümel G (1983) Hämatominduzierte Beeinflussung des Flüssigkeitsgleichgewichtes in der Lunge. In: Schlag G (Hrsg) Der Schock. Springer, Berlin Heidelberg New York (Hefte zur Unfallheilkunde, H 156, S 509–514)
58. Pfeiffer U, Massion WH, Perker M, Reichle H, Blümel G (1985) Effect of anesthetic agents on survival time in a porcine septic shock model. Anesthesiology 63:A91
59. Pfeiffer UJ, Aschenbrenner G, Zimmermann G, Wellhöfer W, Blümel G (1985) Intrathoracic blood volume is a sensitive guide for adequate infusion therapy. Anaesthesist [Suppl] 34:368
160. Pfeiffer UJ, Aschenbrenner G, Kolb E, Blümel G, Pfeiffer H-G (1986) Die Messung des intrathorakalen Blutvolumens als sensitiver Parameter zur Steuerung der Volumensubstitution. Chir Forum 86:203–207
161. Polanyi ML, Hehir MR (1962) In vivo oximeter with fast dynamic response. Rev Sci Instrum 33:1050–1054
162. Powers SR (1986) Flüssigkeits- und Elektrolythaushalt. In: Berk JL, Sampliner JE (Hrsg) Handbuch der Intensivmedizin. Karger, Basel München Paris London New York, S 306–324
163. Powers SR, Dutto RE (1975) Correlation of positive end-expiratory pressure with cardiovascular performance. Crit Care Med 3:64–68
164. Prewitt RM, Wood LDH (1979) Effect of positive end-expiratory pressure on ventricular function in dogs. Am J Physiol 236:H534–H544
165. Quist J, Pontoppidan H, Wilson RS, Lowenstein E, Laver MB (1975) Hemodynamic responses to mechanical ventilation with PEEP. Anesthesiology 42:45–55
166. Rankin JS, Olsen CO, Arentzen CE et al (1982) The effects of airway pressure on cardiac function in intact dogs and man. Circulation 66:108–120
167. Rice CL, Hobelman CF, John DA et al (1978) Central venous pressure or pulmonary capillary wedge pressure as the determinant of fluid replacement in aortic surgery. Surgery 84:437–440

168. Rice RL, Awe RJ, Gaasch WH (1974) Wedge pressure measurements in obstructive pulmonary disease. Chest 66:628–632
169. Rinaldo JE, Rogers RM, Weisman IM (1983) Letters to the editor: Discontinuing PEEP to measure pulmonary capillary wedge pressures. N Engl J Med 308:776–777
170. Robertson CH, Cassidy SS (1976) Distribution of the reduced cardiac output induced by continuous positive-pressure breathing. Physiologist 19:341–344
171. Rutlen DL, Supple EN, Powell WJ (1981) β-Adrenergic regulation of total systemic intravascular volume in the dog. Circ Res 48:112–120
172. Sachs L (1978) Angewandte Statistik – Statistische Methoden und ihre Anwendungen. Springer, Berlin Heidelberg New York
173. Sampliner JE, Pitluk HC (1986) Hämodynamische und respiratorische Überwachung. In: Berk JL, Sampliner JE (Hrsg) Handbuch der Intensivmedizin. Karger, Basel München Paris London New York, S 61–62
174. Schad H, Brechtelsbauer H, Kramer K (1977) Studies on the suitability of a cyanine dye for indicator dilution technique and its application to the measurement of pulmonary artery and oartic flow. Pflügers Arch 370:139–144
175. Scharf SM, Caldini P, Ingram RH (1977) Cardiovascular effects of increasing airway pressure in the dog. Am J Physiol 232:H35–H43
176. Scheel KW, Langill AW, Milhorn HT (1966) Correction of catheter distortion effects on mean transit time dye-dilution method. J Appl Physiol 215:1637–1641
177. Scheuer DA, Thrasher TN, Quillen EW, Metzler CH, Ramsay DJ (1987) Atrial natriuretic peptide blocks renin response to renal hypotension. Am J Physiol 251:R423–R427
178. Schreuder JJ, Jansen JRC, Bogaard JM, Versprille A (1982) Hemodynamic effects of positive end-expiratory pressure applied as a ramp. J Appl Physiol 53:1239–1247
179. Schreuder JJ, Jansen RC, Versprille A (1984) Hemodynamic effects of lung stretch depressor reflex to nonlinear fall in cardiac output during PEEP. J Appl Physiol 56:1578–1582
180. Schreuder JJ, Jansen JRC, Versprille A (1985) Hemodynamic effects of PEEP applied as a ramp in normo-, hyper-, and hypovolemia. J Appl Physiol 59:1178–1184
181. Schumacker PT, Cain SM (1987) The concept of a critical oxygen delivery. Intensive Care Med 13:223–229
182. Schuster H-P (1983) Messung und Interpretationsmöglichkeiten des Druckes in der Arteria pulmonalis und des pulmonalkapillären Verschlußdrucks. Anaesthesiol Intensivmed 156:89–97
183. Shasby DA, Dauber IA, Pfister S, Anderson JT, Carson SB, Manart F, Myers TM (1981) Swan-Ganz catheter location and left atrial pressure determine the accuracy of the wedge pressure when positive end-expiratory pressure is used. Chest 80:666–670
184. Sheppard CW, Jones MP, Couch BL (1959) Effect of catheter sampling on the shape of indicator-dilution curves. Circ Res 7:895–906
185. Sherman H, Schlant RC, Kraus WL, Moore CB (1959) A figure of merit for catheter sampling systems. Circ Res 7:303–313
186. Shippy CR, Appel PL, Shoemaker WC (1984) Reliability of clinical monitoring to assess blood volume in critically ill patients. Crit Care Med 12:107–112
187. Shoemaker WC (1971) Use of cardiorespiratory measurements to evaluate therapy and the use of therapy to evaluate pathophysiology in shock. Ann Chir Gynaecol 60:180–186
188. Shoemaker WC (1987) Relation of oxygen transport patterns to the pathophysiology and therapy of shock states. Intensive Care Med 13:230–234
189. Sibbald WJ, Driedger AA, Meyers ML, Short AJ, Wells GA (1983) Biventricular function in the adult respiratory distress syndrome. Chest 84:126–134
190. Siegel JH, Giovaninni I, Coleman B, Cerra FB, Nespoli A (1982) Pathologic synergy modulation of the cardiovascular, respiratory and metabolic response to injury by cirrhosis and/or sepsis: a manifestation of a common metabolic defect? Arch Surg 117:225–238
191. Sieker HO, Gauer OH, Henry JP (1954) The effect of continuous negative pressure breathing on water and electrolyte excretion by the human kidney. J Clin Invest 33:572–577
192. Smith HC, Butler J (1975) Pulmonary venous waterfall and perivenous pressure in the living dog. J Appl Physiol 38:304–308
193. Snider MT, Ric MA, Bingham JB (1980) Right ventricular performance in ARDS: Radionuclide scintiscan and thermal dilution studies. Am Rev Respir Dis 121:192–200

194. Solberg DM (1976) Durchflußmessung mit Indikatormethoden, insbesondere mit lokaler Thermodilution. Biomed Tech 21:2–9

195. Steinhoff HH, Samodelov LF, Trampisch HJ, Falke KJ (1986) Cardiac afferents and the renal response to positive pressure ventilation in the dog. Intensive Care Med 12:147–152

196. Stewart GN (1897) Researches on the circulation time in organs and on the influence which affect it. IV. The output of the heart. Am J Physiol 22:159–183

197. Stewart GN (1921) The pulmonary circulation time, the quantity of blood in the lungs and the output of the heart. Am J Physiol 58:20–44

198. Swan HJC, Ganz W, Forrester J, Marcus H, Diamond G, Chonette D (1970) Catheterization of the heart in man with use of a flow-directed balloon-tipped catheter. N Engl J Med 283:447–451

199. Thielenius OG, Arcilla RA (1967) Estimation of catheter delay for appearance time of dye dilution. Am J Physiol 212:1429–1434

200. Thoren P, Mark AL, Morgan DA, O'Neill TP, Needleman P, Brody MJ (1986) Activation of vagal depressor reflexes by atriopeptins inhibits renal sympathetic nerve activity. Am J Physiol 251:H1252–H1259

201. Tooker J, Huseby J, Butler J (1978) The effect of Swan-Ganz catheter height on the wedge pressure-left atrial pressure relationship in edema during positive pressure ventilation. Am Rev Respir Dis 117:721–725

202. Verweij J, Kester A, Stroes W, Thijs LG (1986) Comparison of three methods for measuring central venous pressure. Crit Care Med 14:288–290

203. Viquerat CE, Righetti A, Suter PM (1983) Biventricular volumes and function in patients with adult respiratory distress syndrome ventilated with PEEP. Chest 83:509–514

204. Vlahakes GJ, Turley K, Hoffman JIE (1981) The pathophysiology of failure in acute right ventricular hypertension: hemodynamic and biochemical correlations. Circulation 63:87–95

205. Vliers ACAP, Visser KR, Zijlstra WG (1973) Analysis of indicator distribution in the determination of cardiac output by thermal dilution. Cardiovasc Res 7:125–132

206. Volz RJ, Christensen DA (1979) A neonatal fiberoptic probe for oximetry and dye curves. IEEE Trans Biomed Eng 26:416–422

207. Walston A, Kendall ME (1973) Comparison of pulmonary wedge and left atrial pressure in man. Am Heart J 86:159–164

208. Wambach G (1987) Das Herz ist ein endokrin aktives Organ. Dtsch Ärztebl 84:B69–B71

209. Wang SC, Overman RR, Fertig JW, Root WS, Gregerson MI (1947) The relation of blood volume reduction to mortality rate in hemorrhagic and traumatic shock in dogs. Am J Physiol 148:164–169

210. Weisman IM, Rinaldo JE, Rogers RM (1982) Positive end-expiratory pressure in adult respiratory failure. N Engl J Med 307:1381–1384

211. Wellhöfer H, Classen M, Perker M, Blümel G, Pfeiffer U (1987) Einfluß von PEEP auf Wedgedruck, präpulmonales und totales intrathorakales Blutvolumen bei anästhesierten Hunden – Konsequenzen für die Steuerung der Volumentherapie. Chir Forum 87:303–306

212. Wiedemann MP (1963) Dimensions of blood vessels from distributing artery to collecting vein. Circ Res 12:375–378

213. Wilder RJ (1984) Initial management of the critically injured patient. In: Wilder RJ (ed) Progress in critical care medicine: Multiple trauma. Karger, Basel New York, pp 1–15

214. Willats SM (1987) Lecture notes on fluid and electrolyte balance. Blackwell, Oxford Boston Palo Alto Melbourne, pp 230–233

215. Wise RA, Robotham JL, Bromberger-Barnea B, Permutt S (1981) Effect of PEEP on left ventricular function in right-heart-bypassed dogs. J Appl Physiol 51:541–546

216. Wong M, Skulsky A, Moon E (1978) Loss of indicator in the thermodilution technique. Cathet Cardiovasc Diagn 4:103–109

217. Wood EH, Nolan AC, Donald DE, Cronin L (1963) Influence of acceleration on pulmonary physiology. Fed Proc 22:1024–1034

218. Zarins CK, Virgilio RW, Smith DE, Peters RM (1977) The effect of vascular volume on positive end-expiratory pressure induced cardiac output depression and wedge-left atrial pressure discrepancy. J Surg Res 23:348–360
219. Zeravik J, Eckart J, Pfeiffer UJ (in press) Measurement of extravascular lung water may facilitate respiratory therapy decision making. Intensive Care Med
220. Ziegler M, Janzik W, Mischke L, Möhring H, Weigand W, Gross F (1974) Effects of positive and negative pressure breathing on plasma renin concentration in the dog. Pflügers Arch 348:185–196
221. Zierler KL (1962) Circulation times and the theory of indicator-dilution methods for determining blood and volume. In: American Physiological Society (ed) Handbook of physiology, circulation, sect 2/I. Washington/DC, pp 585–615
222. Zierler KL (1962) Theoretical basis of indicator-dilution methods for measuring flow and volume. Circ Res 10:393–407
223. Zimmermann RS, Edwards BS, Schwab TR, Heublein DM, Burnett JC (1987) Cardiorenal-endocrine dynamics during and following volume expansion. Am J Physiol 252:R336–R340
224. Zweifach BW (1961) Aspects of comparative physiology of laboratory animals relative to the problem of experimental shock. Fed Proc [Suppl 9] 20:18–29